Version 8.25a 対応

Jw_cad
ワークブ ～ク

JN026725

日経BP

本書の前提

● 本書は2022年11月現在の情報をもとに、「Windows 11」に「Jw_cad Version 8.25a」がインストールされているパソコンで、インターネットに接続されている環境を前提に紙面を制作しています。

● 本書の発行後に「Jw_cad」の操作や画面が変更された場合、本書の掲載内容通りに操作できなくなる可能性があります。

● 本書についての最新情報、訂正、重要なお知らせについては下記Webページを開き、書名もしくはISBNで検索してください。
ISBNで検索する際は-(ハイフン)を抜いて入力してください。
https://bookplus.nikkei.com/catalog/

● 本書の運用によって生じる直接的または間接的な損害について、著者ならびに弊社では一切の責任を負いかねます。

● 本書に記載されている会社名、製品名、サービス名などは、一般に各開発メーカーおよびサービス提供元の登録商標または商標です。なお、本文中では™、®などのマークを省略しています。

教材ファイルのダウンロード

本書で使用する教材ファイルを、弊社ダウンロードページからダウンロードできます。ダウンロードしたファイルは、Cドライブに展開してご利用ください。なお、提供する「jww_wb.zip」には、教材ファイルのほかに「Jw_cad Version 8.25a」のインストールプログラムも含まれています。

● **教材ファイルのダウンロードページ**
https://nkbp.jp/070480

まえがき

図面を構成する要素は、線と円・円弧と文字のたった3つです。
ならば、Jw_cadでこの3つの描き方を覚えれば図面が描けると思いませんか？
この本は、そんな発想から作られたJw_cadのワークブックです。

まぁ、実際には+Jw_cadの約束事も必要だろうけどね

CHAPTER1では、Jw_cadのイストール・設定や図面ファイルを開いて印刷するなどJw_cadの基本操作と基礎知識を学習し、このワークブックでJw_cadの学習を進める準備をします。

CHAPTER2では、2～4ページの短い単元ごとに、教材ファイルを使って、水平線、既存線に平行な線・鉛直な線、中心線など様々な線の作図方法を学習します。CHAPTERの最終ページには復習のための課題が用意されています。これが出来れば、線の作図は攻略できたと言えるでしょう。

次のステージのCHAPTER3では円・円弧や多角形の作図方法を攻略し、さらに次のステージCHAPTER4では線・円・円弧の整形方法を攻略…と、ステージごとに新たなスキルを獲得していきましょう。最後のステージCHAPTER9に到達する頃には、作図課題の三面図や住宅平面図を描けるスキルが身についているはずです。

ご挨拶が遅れましたが、ワークブックの案内役として
同行いたします猫ニャンです！

このワークブックを手にした皆様が、楽しくJw_cadを始めていただけることを願っております。

ObraClub

本書の読み方

① **章番号／章タイトル**
現在の章番号と章タイトルが記載されています。

② **レッスン番号**
章内の何レッスン目かを表します。本書は9章立てで、合計で73のレッスンがあります。

③ **レッスンタイトル**
このレッスンで行うテーマを表しています。

④ **教材ファイル**
このレッスンで使用する教材ファイルのファイル名が記載されています。

⑤ **リード文**
レッスンでどんな内容を解説するか、導入の説明をしています。

⑥ **見出し**
これから行う操作手順を要約した見出しです。

⑦ **台詞**
特に重要なポイントの補足説明です。

① CHAPTER 1 準備と基礎知識　④ 教材ファイル 05.jww

② 05 ③ **図面の部分拡大と全体表示**

⑤ CADでの図面作図では、画面の部分拡大などのズーム操作が欠かせません。Jw_cadでのズーム操作は、マウスの両ボタンドラッグで行います。

⑥ 1 **キッチン部分を拡大表示する**

⑧ 1 拡大する範囲の左上にマウスポインタを合わせ、マウスの左右両方のボタンを押したまま、右下方向に移動する

両ドラッグ開始位置から拡大枠が表示される

2 表示される拡大枠で拡大する範囲を囲んだらボタンをはなす

拡大枠で囲んだ範囲が拡大表示される

キッチン

POINT
マウスの左右両方のボタンを押したまま、右下方向に移動（ドラッグ）すると、拡大と ⑨ 1 の位置からの拡大枠がマウスポインタまで表示されます。その拡大枠に拡大する範囲が入るところでマウスのボタンをはなしてください。拡大枠の範囲が拡大表示されます。

POINT
⑩ ドラッグ操作を誤って画面から図が消えた場合は、次ページの「2 用紙全体を表示する」を行って用紙全体表示に戻したうえで、再度、拡大操作を行ってください。

TIPS
左右両方のボタンを押す代わりにマウスホイールボタンを押すことでも、同様のズーム操作が行えます（p.19 14の設定を事前に済ませておく必要があります）。

両ドラッグによる拡大表示と全体表示は、頻繁に使う機能だから絶対覚えておいて！

⑦

2 | 用紙全体を表示する

1 作図ウィンドウで、マウスの左右両方のボタンを押したまま、右上方向にドラッグし、**全体が表示されたら**ボタンを離す

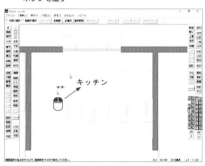

キッチン

範囲指定の始点を右上に引出して、画面途中が必要で表示しています。

✏ **POINT** ⑫

マウスの左右両方のボタンを押したまま、右上方向に移動（ドラッグ）して全体と表示された時点でマウスのボタンをはなすことで、用紙全体の表示になります。ズーム操作は他のコマンドの操作途中でも行えます。

💡 **TIPS** ⑬

「jw_win」ダイアログの「一般（2）」タブでの設定（▶p.19 12）により、キーボードからの以下のズーム操作が可能になります。
PageUp キー：拡大表示
PageDown キー：縮小表示
Home キー：用紙全体表示
↑←↓→ キー：画面スクロール

AND MORE ⑭

👤 **右上方向への両ドラッグで（範囲）と表示された場合**

Jw_cadでは、表示範囲を記憶する「表示範囲記憶」という機能があります。表示範囲記憶がされている図面ファイルでは、右上方向への両ドラッグ操作で全体ではなく、（範囲）と表示され、記憶された範囲を表示します。

（範囲）

そうした図面ファイルでは右記の手順で用紙全体を表示してください。

1 「画面倍率」ボタンをクリック

2 「用紙全体表示」ボタンをクリック

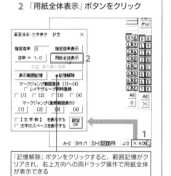

「記憶解除」ボタンをクリックすると、範囲記憶がクリアされ、右上方向への両ドラッグ操作で用紙全体が表示できる

25

---

⑧ **手順コメント**
現在の章番号と章タイトルが記載されています。

⑨ **結果コメント**
章内の何レッスン目かを表します。本書は9章立てで、合計で73のレッスンがあります。

⑩ **画面写真**
このレッスンで行うテーマを表しています。

⑪ **インデックス**
このレッスンで使用する教材ファイルのファイル名が記載されています。

⑫ **POINT**
これから行う操作手順を要約した見出しです。

⑬ **TIPS**
レッスンでどんな内容を解説するか、導入の説明をしています。

⑭ **AND MORE**
これから行う操作手順を要約した見出しです。

CONTENTS

CHAPTER

1 準備と基礎知識

CHAPTER

2 線要素の作図

CHAPTER

3 円・円弧と多角形の作図

CHAPTER 1

準備と基礎知識

本書でJw_cadを学習するための
準備として、
Jw_cadのインストールから各設定、
Jw_cadの特徴的な基本操作や
仕組みについて見て行こう！

01 | Jw_cadってどんなCAD？

Jw_cadは、Windowsで動作する無償の汎用2次元CADで、建築分野を中心に広く利用されています。その汎用2次元CADとはどのようなものかを見てみましょう。

汎用2次元CADとは

　製図板での作図作業をパソコンに置き換えたもので、用紙をセット（用紙サイズ設定）して、尺度（縮尺）を決め、鉛筆、定規、コンパス、消しゴムなどの道具に代わるコマンドを使って、コンピューター上で図面を作図します。

　2次元というのは、X（横）とY（縦）の2つの軸がある次元を指します。これにZ軸（高さ）が加わると3次元になります。

　用紙という平面上に作図した図は、当然ながら2次元で、Jw_cadで作図する図もXとYの座標によって管理された2次元データです。

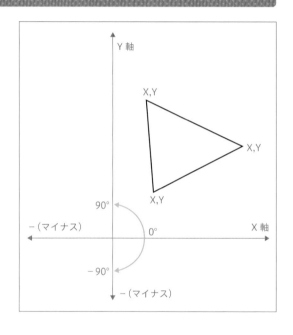

　Jw_cadでは、横方向をX軸、縦方向をY軸とし、X軸は原点から右を＋（プラス）左を－（マイナス）、Y軸は上を＋（プラス）下を－（マイナス）とします。

　角度は度単位で、水平右方向を0°として、反時計回り（左回り）は＋（プラス）、時計回り（右回り）は－（マイナス）とします。

Jw_cadは、Windows登場以前のMS-DOSの時代から多くの設計者に利用されてきた無償の汎用2次元CADなんだ。MS-DOS時代の操作を踏襲している点が多々あるから、マウス操作などがWindowsとは異なるよ。

2次元CADの図面を構成する要素

●線分

XY座標を持った2点(始点と終点)により構成されます。

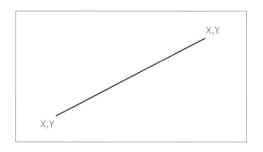

●円・円弧

中心点(XY座標)、半径(R)、開始角>終了角および扁平率(扁平率を指定すると楕円弧)と傾きにより構成されます。開始角0°>終了角360°のものが円です。

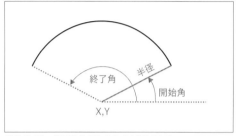

開始角0°>終了角360°のものが円である

●文字

位置を示すXY座標と向きを示す角度により構成されます。

●点

位置を示すXY座標により構成されます。

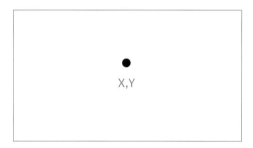

手で描く図面と同じく、CADで描く図面もその基本要素は、線分、円・円弧、文字である。それに加え、Jw_cadでは点もあるよ。この基本要素の描き方を習得すれば、CADで図面が描けるということだ!

02 | 本書を使うための準備

本書での学習を進めるにあたり必要な教材ファイル（Jw_cad含む）をダウンロードし、パソコンにセットしましょう。またJw_cadの設定を初心者向けの設定にしましょう。

1 教材ファイル（Jw_cad含む）をダウンロードし、パソコンに展開する

1 ブラウザを起動し、以下のURLのWebページにアクセスする

2 jww_wb.zipをクリック

3 エクスプローラーでダウンロードフォルダーを開く

4 jww_wb.zipをダブルクリック

5 「jww_wb」フォルダーをCドライブまでドラッグ

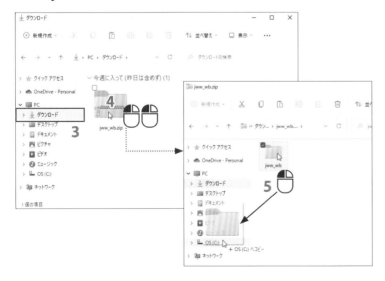

POINT

ダウンロードした教材「jww_wb.zip」は、ZIP形式で圧縮されています。**4**以降の手順で、指定の場所に展開したうえでご使用ください。

POINT

展開された「jww_wb」フォルダー内にJw_cad ver8.25aのインストールプログラムも収録されています。

2 Jw_cadをインストールする

1 Cドライブに展開した「jww_wb」フォルダーを開く

2 フォルダー内のjww825a（.exe）をダブルクリック

3 「ユーザーアカウント制御」ウィンドウの「はい」ボタンをクリック

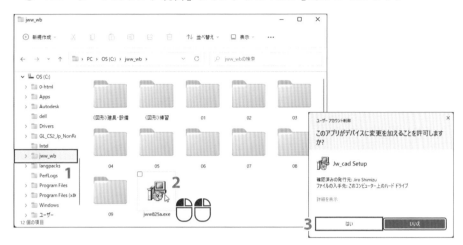

4 「使用許諾契約書」を一読し、「同意する」をクリック

5 「次へ」ボタンをクリック

6 「次へ」ボタンをクリック

✏️ POINT

パソコンにver8.25a以降の Jw_cadがインストールされている場合には「2 Jw_cadをインストールする」の操作は不要です。P.17の「3 Jw_cadを起動し、最大化する」に進んでください。パソコンにインストールされているJw_cadのバージョンが不明な場合は、Jw_cadのメニューバー［ヘルプ］から「バージョン情報」をクリックして表示される「バージョン情報（Jw_win）」ウィンドウで確認できます。

7 「次へ」ボタンをクリック

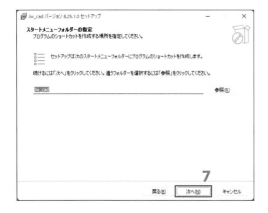

8 「デスクトップ上にアイコンを作成する」にチェックを付ける
9 「次へ」ボタンをクリック

10 「インストール」ボタンをクリック

11 「完了」ボタンをクリック

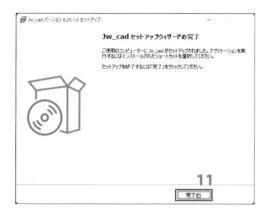

12 ×（閉じる）ボタンをクリック

3 | Jw_cadを起動し、最大化する

1 デスクトップに作成されたJw_cadのショートカットアイコンをダブルクリック

2 タイトルバー右の最大化ボタンをクリック

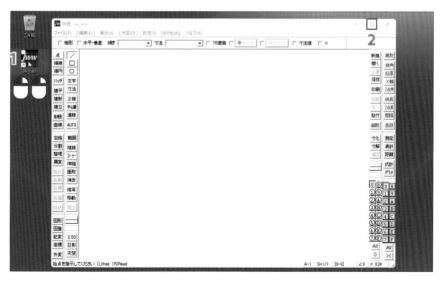

4 | Jw_cadを初心者向きに設定する

1 メニューバーの［表示］をクリック

2 チェックが付いた「Direct2D」をクリック

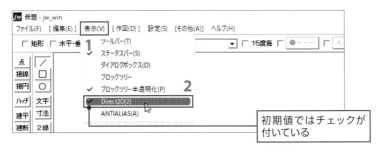

初期値ではチェックが
付いている

3 「基設」(基本設定) コマンドをクリック

4 「一般(1)」タブの「クロックメニューを使用しない」に
チェックを付ける

5 **6 7 8 9 10**にチェックを付ける

18

11「一般（2）」タブをクリック

12「矢印キーで画面移動、PageUp・PageDownで…」にチェックを付ける

13「マウスホイール」の「—」にチェックを付ける

14「ホイールボタンクリックで線色線種選択」のチェックを外す

15「OK」ボタンをクリック

📝 **POINT**

「一般（2）」タブの指定項目について以下に説明します。

12 画面の拡大表示やスクロールをキーボードからの指示で行えるようにする

13 画面の拡大表示と縮小表示をマウスのホールボタンを回すことで行えるようにする。「-」にチェックを付けた場合、ホイールを前方に回すと拡大表示、後方に回すと縮小表示の働きをする（「＋」ではその逆）

14 このチェックが付いていると、ホイールボタンを押したままのドラッグによるズーム操作ができないため、チェックを外す

📝 **POINT**

ここでの設定は、Jw_cadを終了後も有効です。

03 | Jw_cad画面の各部名称と役割

初心者向けに設定したJw_cadの画面とその各部の名称や役割を見てみましょう。画面の
サイズ、タイトルバーの表示色、ツールバーの並びなどはパソコンによって異なります。

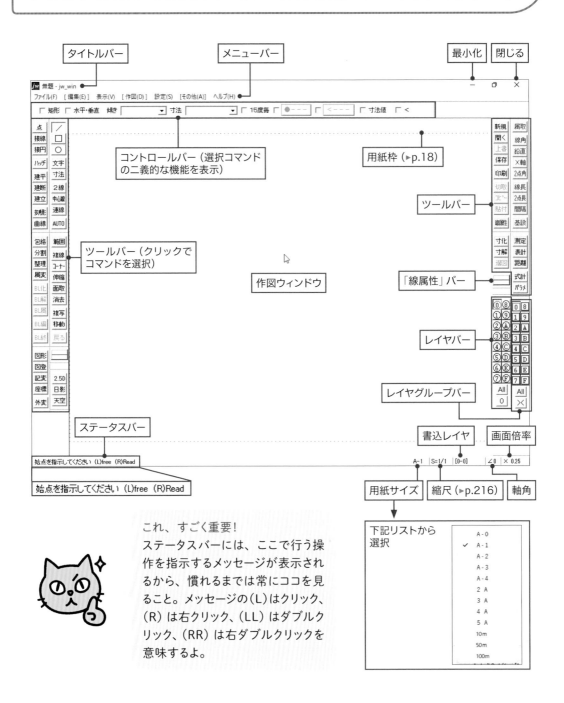

これ、すごく重要！
ステータスバーには、ここで行う操
作を指示するメッセージが表示され
るから、慣れるまでは常にココを見
ること。メッセージの（L）はクリック、
（R）は右クリック、（LL）はダブルク
リック、（RR）は右ダブルクリックを
意味するよ。

▭ 「線属性」バー（▶p.42）

線分・円弧は、作図時の書込線の線色と線種で作図されます。「線属性」バーは、その書込線の線色・線種を示します。書込線は、「線属性」コマンドか「線属性」バーをクリックして開く「線属性」ダイアログで指定します。

「線属性」ダイアログには、太線・中線・細線などの線幅（およびカラー印刷色の別）を区別するための「線色1」～「線色8」の8色（補助線色は印刷されない線色）の標準線色と「実線」～「二点鎖2」の8種類（補助線種は印刷されない線種）の標準線種が用意されています。

レイヤバーとレイヤグループバー（▶p.173、181）

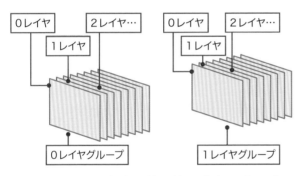

CADでは、基準線、外形線、寸法などを別々の透明なシートに描き分け、それらのシートを重ね合わせて1枚の図面にすることができます。そのシートに該当するのが「レイヤ」です。線分・円・文字・実点などの要素は、作図時の書込レイヤに作図されます。書込レイヤは0～Fの16枚のレイヤ番号が並んだレイヤバーで確認、指定できます。

また、Jw_cadでは、16枚のレイヤを1セットとした「レイヤグループ」が16セット用意されており、レイヤグループごとに異なる縮尺を設定できます。1枚の用紙に異なる縮尺の図を作図する場合は、このレイヤグループを利用します。書込レイヤグループの確認、指定はレイヤグループバーで行えます。

04 | 図面ファイルを開く

Jw_cadの図面ファイルを開く手順を学習しましょう。図面ファイルは通常、Jw_cad独自の「ファイル選択」ダイアログからダブルクリックで開きます。

1 | 「01」フォルダー収録の図面04.jwwを開く

1 「開く」コマンドをクリック

POINT

Jw_cadの図面ファイルは、その拡張子が「jww」のため、「JWWファイル」とも呼ばれます。JWWファイルは「開く」コマンドを選択して開きます。

2 「ファイル選択」ダイアログ左のフォルダーツリーで「jww_ｗｂ」フォルダーをダブルクリック

Jw_cad独自の「ファイル選択」ダイアログが開く

ファイル一覧の表示数　｜　ファイル種類　｜　ファイル名の表示サイズを調整（-3〜3）

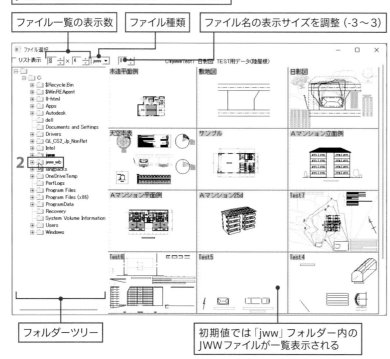

フォルダーツリー

初期値では「jww」フォルダー内のJWWファイルが一覧表示される

3 「jww_wb」フォルダー下に表示される「01」フォルダーをクリック

4 練習用ファイル「04」の枠内をダブルクリック

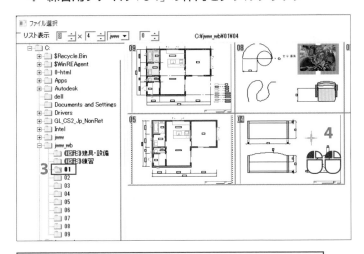

図面ファイルが開き、タイトルバーにはそのファイル名が表示される

✎ **POINT**

選択したフォルダーに画像同梱した図面ファイルが収録されているとショートカット名の変換に失敗しましたと表示されますが、そのままで問題ありません。

✎ **POINT**

4では、「04」の枠内のファイル名以外の場所にマウスポインタを合わせてください。マウスポインタをファイル名に合わせると別の働きをします。

✎ **POINT**

1つのJw_cadで開ける図面ファイルは1つです。編集中の図面がある状態で**1**からの操作を行うと**4**の操作後「○○への変更を保存しますか？」と表記されたメッセージウィンドウが開きます。その場合は、メッセージに従い、「はい」（保存する）「いいえ」（保存しない）「キャンセル」（開かない）ボタンをクリックします。

✎ **POINT**

タイトルバーに表示されるファイル名の拡張子（.jww）は、パソコンの設定により表示されない場合もあります。

準備・設定

🖊 **AND MORE**

⚖ **Windowsのコモンダイアログを使用する設定**

「jw_win」ダイアログの「一般(1)」タブ（▶p.18）の「ファイル選択にコモンダイアログを使用する」にチェックを付けると、「開く」「保存」コマンドで開く「ファイル選択」ダイアログがWindows標準の「開く」「名前を付けて保存」ダイアログになります。

※Jw_cadには排他制御機能はないため、共有フォルダーのファイルの編集時には、同時に複数のパソコンで編集して上書きすることのないよう、注意してください。

プレビューウィンドウを表示しても図面ファイルのプレビューは表示されない

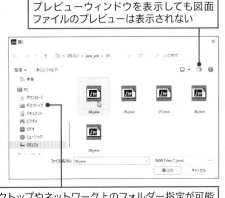

デスクトップやネットワーク上のフォルダー指定が可能

05 | 図面の部分拡大と全体表示

CADでの図面作図では、画面の部分拡大などのズーム操作が欠かせません。Jw_cadでのズーム操作は、マウスの両ボタンドラッグで行います。

1 | キッチン部分を拡大表示する

1 拡大する範囲の左上にマウスポインタを合わせ、マウスの左右両方のボタンを押したまま、右下方向に移動する

両ドラッグ開始位置から拡大枠が表示される

2 表示される拡大枠で拡大する範囲を囲んだらボタンをはなす

拡大枠で囲んだ範囲が拡大表示される

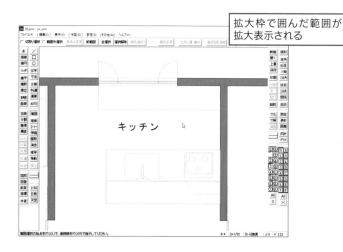

POINT

マウスの左右両方のボタンを押したまま、右下方向に移動（ドラッグ）すると、拡大と **1** の位置からの拡大枠がマウスポインタまで表示されます。その拡大枠に拡大する範囲が入るところでマウスのボタンをはなしてください。拡大枠の範囲が拡大表示されます。

POINT

ドラッグ操作を誤って画面から図が消えた場合は、次ページの「**2** 用紙全体を表示する」を行って用紙全体表示に戻したうえで、再度、拡大操作を行ってください。

TIPS

左右両方のボタンを押す代わりにマウスホイールボタンを押すことでも、同様のズーム操作が行えます（▶p.19 **14** の設定を事前に済ませておく必要があります）。

両ドラッグによる拡大表示と全体表示は、頻繁に使う機能だから絶対覚えておいて！

2 | 用紙全体を表示する

1 作図ウィンドウで、マウスの左右両方のボタンを押したまま、右上方向にドラッグし、全体が表示されたらボタンを離す

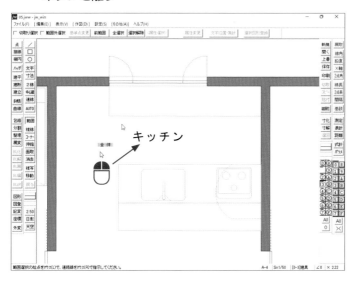

POINT

マウスの左右両方のボタンを押したまま、右上方向に移動（ドラッグ）して全体と表示された時点でマウスのボタンをはなすことで、用紙全体の表示になります。ズーム操作は他のコマンドの操作途中でも行えます。

TIPS

「jw_win」ダイアログの「一般（2）」タブでの設定（▶p.19 12）により、キーボードからの以下のズーム操作が可能になります。
- `Page Up` キー：拡大表示
- `Page Down` キー：縮小表示
- `Home` キー：用紙全体表示
- `↑→↓←` キー：画面スクロール

AND MORE
右上方向への両ドラッグで（範囲）と表示された場合

Jw_cadでは、表示範囲を記憶する「表示範囲記憶」という機能があります。表示範囲記憶がされている図面ファイルでは、右上方向への両ドラッグ操作で全体ではなく、（範囲）と表示され、記憶された範囲を表示します。

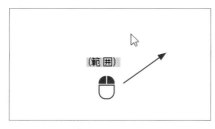

そうした図面ファイルでは右記の手順で用紙全体を表示してください。

1 「画面倍率」ボタンをクリック

2 「用紙全体表示」ボタンをクリック

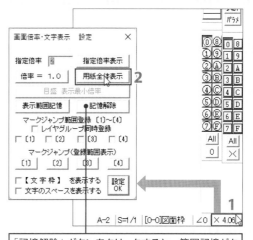

「記憶解除」ボタンをクリックすると、範囲記憶がクリアされ、右上方向への両ドラッグ操作で用紙全体が表示できる

06 ｜ クリックと右クリックの使い分け

Jw_cadでのクリックと右クリックの使い分けは、Windowsでの使い分けとは大きく異なります。ここでは、主な3つのパターンの使い分けを紹介します。

1 ｜ 点指示時の使い分け

　線や円の作図時などに作図する位置をマウスポインタで指示する必要があります。この時、既に作図されている線の端部（端点）を指示する場合は、その端点にマウスポインタを合わせて右クリック（R：Read）します。何も作図されていない適当な位置を指示する場合は、その位置にマウスポインタを合わせクリック（L：free）します。

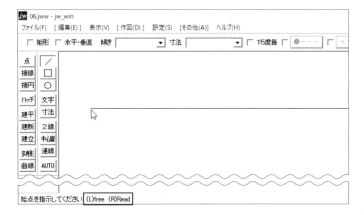

右クリックで読取できる点と読取できない点

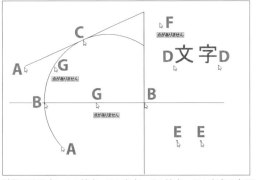

読取できる点　A：端点　B：交点　C：接点　D：文字の左下と右下
E：実点・仮点

✎ POINT

操作メッセージの「(R) Read」は既存点を右クリックすることで、その座標（X, Y）を読み取り、指示点とすることを意味します。「(L) free」はクリックした位置に新しく座標点（X,Y）を作成し、指示点とすることを意味します。

これ、すごく重要！
既存点の指示は必ず右クリックで行うこと。クリック（L：free）したら、正確な図面にならないよ。

F：何もない位置　G：線上、円弧上で右クリックした場合、読取点が近くにないため、点がありませんと表示される

2 | 指示対象による使い分け

コマンドによっては、既存の線・円・点を指示する際の「線・円」と「点」の区別のため、または「線・円・点」と「文字」の区別のため、クリックと右クリックを使い分けます。

● 「分割」コマンド（▶p.62）の操作メッセージ

線はクリック　　点は右クリック

● 「属変」コマンド（▶p.166、208）の操作メッセージ

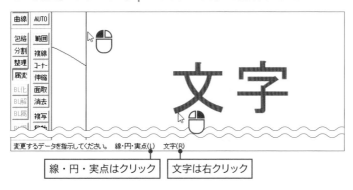

線・円・実点はクリック　　文字は右クリック

3 | 機能による使い分け

コマンドによっては、対象要素をクリックするか、右クリックするかで働く機能が異なる場合があります。

● 「消去」コマンド（▶p.29、88）の操作メッセージ

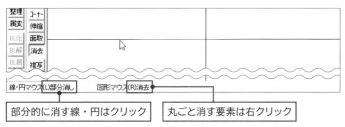

部分的に消す線・円はクリック　　丸ごと消す要素は右クリック

POINT

ステータスバーの操作メッセージや本文記載の「線・円・点」などの円は円弧を含みます。以降、特に記載が無い限り、「円」には「円弧」が含まれるとご理解ください。

POINT

文字要素を対象としないコマンドでは、点を右クリック、その他の線・円をクリックという使い分けが、文字要素を対象とするコマンドでは、文字要素を右クリック、その他の線・円・実点をクリックという使い分けが多いです。

操作に慣れるまでは、操作メッセージの（L）と（R）を確認するよう、習慣づけよう。

07 | Jw_cad図面を構成する要素

Jw_cad図面を構成する要素を見てみましょう。Jw_cad図面は、線、円・円弧、点、文字、ソリッド（塗りつぶし部）の5つの基本要素で構成されています。

1 | 開いた図面ファイルの要素数を確認する

1 「基設」コマンドをクリック

2 「一般（1）」タブをクリックし、最下行の各要素数を確認する

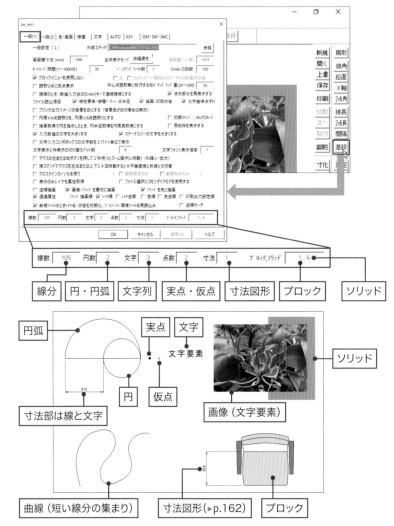

| 線数 | 105 | 円数 | 2 | 文字 | 3 | 点数 | 2 | 寸法 | 1 | ブロック,ソリッド | 1 , 6 |

| 線分 | 円・円弧 | 文字列 | 実点・仮点 | 寸法図形 | ブロック | ソリッド |

図中のラベル：
- 円弧
- 実点
- 文字
- 文字要素
- ソリッド
- 円
- 仮点
- 寸法部は線と文字
- 画像（文字要素）
- 410
- 曲線（短い線分の集まり）
- 寸法図形（▶p.162）
- ブロック

POINT

「jw_win」ダイアログの「一般（1）」タブの最下行で、編集中の図面に作図されている線、円、文字要素などの数を確認できます。

POINT

Jw_cadでは寸法記入時の設定により寸法線と寸法値を1セットの寸法図形（▶p.162）として記入します。要素数欄の「寸法」ボックスは、その寸法図形の数です。寸法図形になっていない寸法線と寸法値は、線要素と文字要素としてカウントされます。図面上2つの寸法が記入されていても、「寸法」ボックスに「1」と表示されるのは、そのためです。

POINT

画像は、その左下に画像表示命令文が記入されています。その命令文に従い表示されるため、文字要素として扱われます。

POINT

Jw_cadの曲線は短い線分の集まりであるため、それらの線分の数も「線数」にカウントされます。

POINT

ブロックは複数の要素をひとまとまりとしたもの（▶p.218）で、ブロック内の要素は「線数」「円数」などにカウントされません。

2 「消去」コマンドで各要素を右クリック（消去）する

1 「消去」コマンドをクリック

2～13 各要素を下図の位置で右クリック

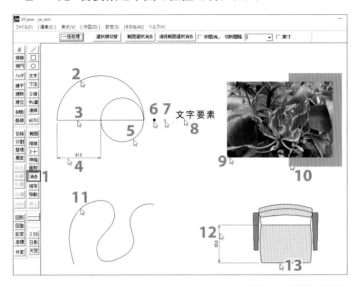

線・円マウス(L)部分消し ／ 図形マウス(R)消去

仮点は図形がありませんと表示され消去できない

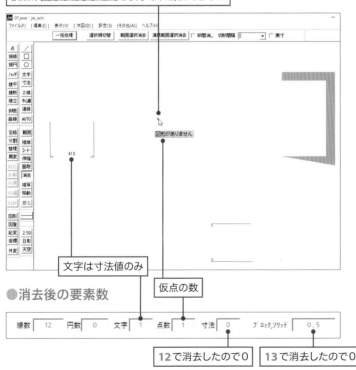

文字は寸法値のみ

仮点の数

●消去後の要素数

線数	円数	文字	点数	寸法	ブロック,ソリッド
12	0	1	1	0	0,5

12で消去したので0   13で消去したので0

POINT

「消去」コマンドでは、右クリックした要素を消去します。2～13の各要素が、どのように消去されるかを確認しましょう。

POINT

4は寸法線だけが消去され、寸法値が残ります。7では、図形がありませんと表示され、仮点（▶p.115）は消去できません。

POINT

8の文字は右クリック位置の1文字ではなく、1行の文字（1文字列と呼ぶ）が消去されます。一度の操作で記入した1文字列が文字要素の最小単位であるためです。画像を消すための9の右クリックは、画像の左下付近（画像の表示命令文が記入されている）で右クリックしてください。10のソリッドは右クリック箇所が三角形に消去されます。これはソリッドが三角形に分割されているためです（▶p.237）。

POINT

下段の図には複数の要素をひとまとめにして1要素として扱う属性が付加されているため、右クリックした以外の要素も共に消去されます。11の曲線は短い線分の集まりに曲線属性（▶p.218）が付加されています。12は寸法線と寸法値がセットになった寸法図形（▶p.162）です。13は複数の要素を1要素として名前を付けたブロック（▶p.218）です。

08 | 複数要素の選択と操作の取り消し

複数の要素をまとめて移動や消去するには、はじめに対象とする要素を選択します。ここでは複数の要素を消去する例で、選択方法を学習しましょう。

1 | 複数の要素を選択し、まとめて消去する

1 「範囲」コマンドをクリック

2 選択範囲の始点として下図の位置でクリック

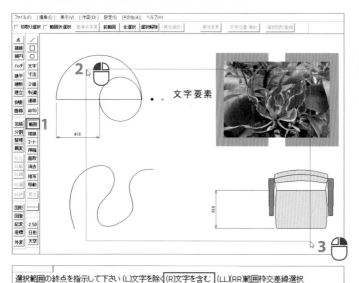

選択範囲の終点を指示して下さい (L)文字を除く (R)文字を含む (LL)(RR)範囲枠交差線選択

3 表示される選択範囲枠で上図のように囲み、範囲の終点を右クリック

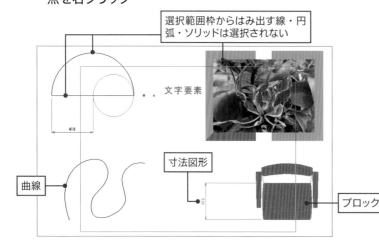

選択範囲枠からはみ出す線・円弧・ソリッドは選択されない

文字要素

寸法図形

曲線

ブロック

POINT

「範囲」コマンドでは、範囲選択枠で囲むことで、複数の要素を選択します。

対象にしたい要素の全体が選択範囲枠に入るように囲むことが基本だよ!

POINT

選択範囲枠内の文字要素も選択するには、終点を右クリックします。終点をクリックすると、文字要素（画像含む）は選択されません。

POINT

選択範囲枠に全体が入る要素が選択され、選択色になります。一部が入るだけの要素は選択されません。ただし、ブロックは、選択範囲枠に全体が入ってなくとも、ブロックの基準点が入っていれば選択されます。逆にブロック全体が入っていても基準点が入っていないと選択されません。また、画像はその左下に記載されている画像表示命令文（文字要素）全体が選択範囲枠に入っていれば選択されます。なお、仮点（▶p.115）は編集できないため、選択もされません。

4 円弧をクリック

5 曲線をクリック

6 選択色の文字要素を右クリック

7 選択されていない寸法線をクリック

8 選択色の寸法線をクリック

POINT

この段階で、各要素をクリックまたは右クリックすることで、選択されていない要素を追加選択することや、選択済みの要素を除外することができます。線・円・点要素はクリックで、文字要素は右クリックで指示します。

POINT

7でクリックした寸法線は、その寸法値とは別個の線要素であるため、クリックした寸法線のみが追加選択されます。8でクリックした寸法線は、寸法線とその寸法値が1セットになっている寸法図形（▶p.162）であるため、その寸法値も共に除外され元の色に戻ります。

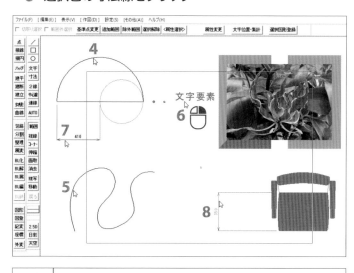

追加・除外図形指示　線・円・点(L)、文字(R)、　連続線[Shift]+(R)

9 「消去」コマンドをクリック

円弧が選択色になる　　文字要素が除外され元の色に戻る

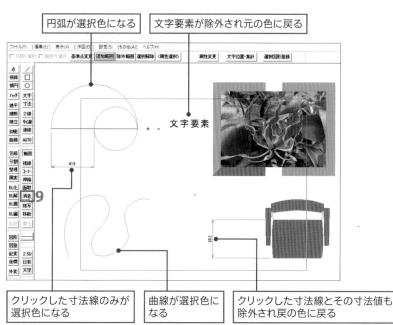

クリックした寸法線のみが選択色になる

曲線が選択色になる

クリックした寸法線とその寸法値も除外され戻の色に戻る

選択色で表示されていた要素がすべて消去される

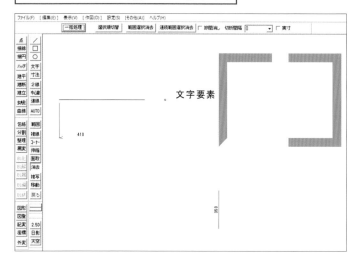

POINT

「消去」コマンドをクリックしたことで、「消去」コマンドに切り替わり、選択色の要素が消去されます。**9**で「移動」コマンドをクリックした場合は、「移動」コマンドに切り替わり、選択色の要素が移動対象として確定して移動先を指示する段階になります（▶p.206）。

AND MORE

属性と属性選択の利用

範囲選択枠で囲んだあと、要素を個別にクリックすることで追加・除外ができますが、「<属性選択>」を利用すると、選択した要素の中から特定の線色で作図されている要素や、文字、寸法などを選択することや除外することができます。

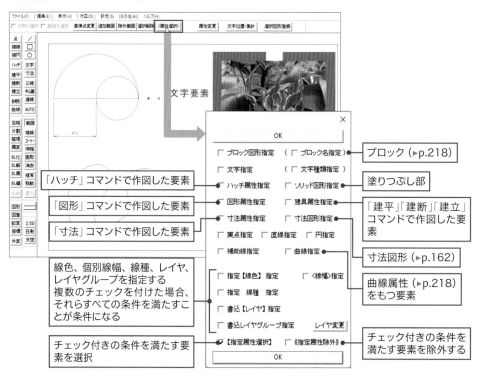

2 | 直前の操作を取り消し、消去前に戻す

1 「戻る」コマンドをクリック。

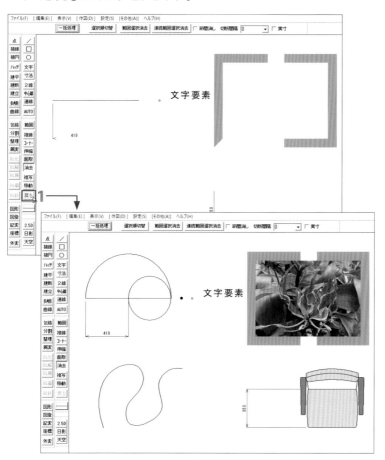

消去操作が取り消され、消去前に戻る

POINT

「戻る」コマンドでは、直前の操作を取り消し、操作前の状態に戻します。「戻る」コマンドをクリックした回数分、操作を取り消し、操作前の状態に戻すことができます。「戻る」コマンドをクリックする代わりに [Esc] キーを押しても同じ働きをします。

POINT

「戻る」コマンドで戻せるのは作図・編集操作に限ります。ズーム操作（▶p.24）や縮尺変更（▶p.216）、書込線変更（▶p.42）、レイヤ状態の変更（▶p.172）など各種設定変更は戻せません。

操作を間違えたときは「戻る」コマンドで戻せることを覚えておこう

AND MORE

 「戻る」コマンドをクリックする前の状態に復帰する

「戻る」コマンドを余分にクリックして戻し過ぎた場合は、メニューバー[編集]をクリックし、プルダウンメニューの「進む」をクリックすることで、「戻る」コマンドをクリックする前の状態に復帰できます。

09 | 印刷と線の太さ・カラー印刷色の設定

図面を印刷する手順を覚えましょう。また、印刷する線の太さ（印刷線幅）やカラー印刷時の印刷色の設定方法についても学習しましょう。

1 図面をA4用紙横に印刷する

1 「印刷」コマンドをクリック

2 「プリンターの設定」ダイアログでプリンター名を確認

3 用紙サイズを「A4」にする

4 「印刷の向き」として「横」を選択

5 「OK」ボタンをクリック

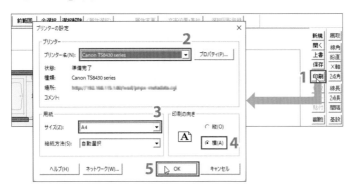

POINT

印刷枠は**3**、**4**で指定した用紙と向きで、**2**のプリンターで印刷可能な最大範囲を示す枠です。指定用紙（ここではA4）よりも若干小さく、その大きさはプリンター機種により多少異なります。

POINT

「印刷」コマンドでは、作図ウィンドウの図が実際に印刷される色で表示されます。コントロールバーの「カラー印刷」にチェックが無い場合、図面は黒で印刷されるため、任意色のソリッド（塗りつぶし部）と画像、印刷されない補助線色以外は、すべて黒で表示されます。

6 印刷枠に印刷する図面が収まっていることを確認し、「印刷」ボタンをクリック

任意色のソリッドはそのままの色で印刷される

A4・横の印刷枠

2 | 線色ごとの太さ（印刷線幅）設定を変更する

1 「基設」（基本設定）コマンドをクリック

2 「色・画面」タブをクリック

3 「線幅を1/100mm単位とする」にチェックを付ける

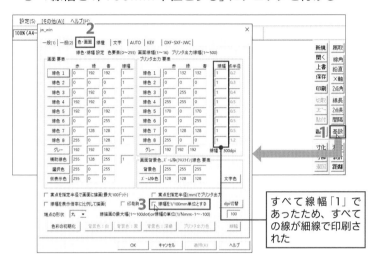

すべて線幅「1」であったため、すべての線が細線で印刷された

4 「線色1」の「線幅」ボックスをクリックし、「18」に書き換える

5 「線色2」～「線色8」の「線幅」ボックスも右表の数値に書き換える

6 「実点を指定半径（mm）でプリンタ出力」にチェックを付ける

7 「線色6」の「点半径」ボックスの数値を「0.5」にする

8 「OK」ボタンをクリック

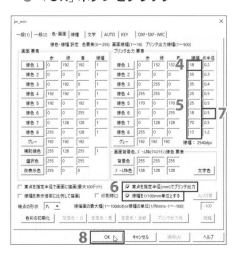

POINT

線の太さ（印刷線幅）は、図面ファイルごとに記録されています。その設定は、「基設」コマンドの「色・画面」タブ右の「プリンタ出力要素」欄で、設定・変更できます。

POINT

3 のチェックを付けることで、ドット単位でなく、mm単位で線の太さを指定できます。各線色の「線幅」ボックスには「印刷時の線幅×100」の数値を入力します。ここでは下表のように指定しましょう。

	印刷幅 mm	入力値
線色1	0.18	18
線色2、線色3	0.35	35
線色4、線色5	0.25	25
線色6	0.18	18
線色7	0.7	70
線色8	0.13	13

POINT

前ページで印刷した図面では寸法端部の実点が小さすぎて分かりませんでした。**6** のチェックを付けることで、線色ごとの実点の半径を指定できます。**7** で点の半径を0.5mmに指定したので、線色6の実点は0.18mmの太さで描いた直径1mmの実点になります。

9 「印刷」コマンドに戻るので、「印刷」ボタンをクリックし、印刷して線の太さを確認する。

線の太さの違いは、線色1〜線色8を使い分けることで、表現するよ。

---

1 「印刷」コマンドのコントロールバー「カラー印刷」にチェックを付ける。

2 「印刷」ボタンをクリック

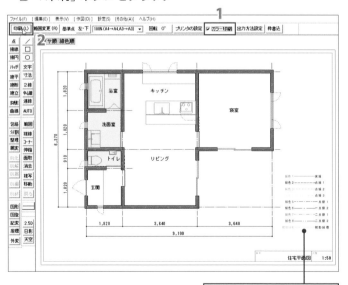

印刷色のカラーで表示される

✎ POINT

作図ウィンドウの図は、実際に印刷される色で表示されるため、コントロールバー「カラー印刷」にチェックを付けると、実際に印刷されるカラーで表示されます。

4 | カラー印刷色を変更する

1 「基設」コマンドをクリック

2 「色・画面」タブの「線色6」ボタンをクリック

3 「色の設定」パレットの「赤」をクリック

4 「OK」ボタンをクリック

カラー印刷色も図面ファイルごとに記録されています。「基設」コマンドの「色・画面」タブ右の「プリンタ出力要素」欄で、線色ごとに指定します。各線色の「赤」「緑」「青」ボックスの数値（RGB値）がカラー印刷色を示します。この数値を変更するか、あるいは各線色ボタンをクリックして「色の設定」パレットから色を選択することで指定・変更できます。ここでは、線色6を「赤」に、他の線色をすべて「黒」に変更します。

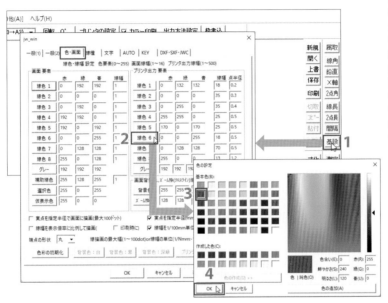

5 「線色1」ボタンをクリック

6 「色の設定」パレットの「黒」をクリック

7 「OK」ボタンをクリック

カラー印刷時の色の違いも、線の太さ同様、線色1～線色8を使い分けることで、表現するよ。

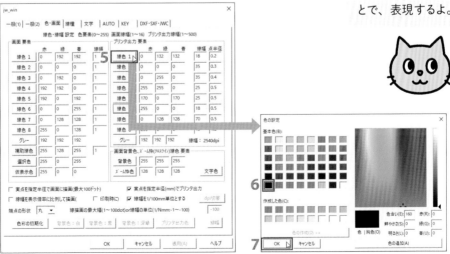

8 同様にして「線色3」「線色4」「線色5」「線色7」「線色8」の印刷色も「黒」に変更する

9 「OK」ボタンをクリック

✏ **POINT**

「色の設定」パレットで「黒」を選択する代わりに、各線色の「赤」「緑」「青」ボックスの数値を「0」に変更しても同じです。

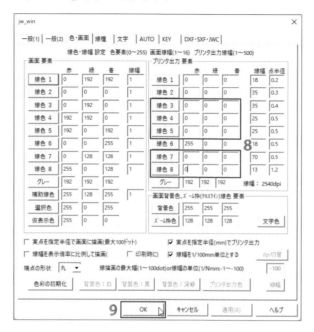

5 | カラー印刷を行い、上書き保存する

1 「印刷」コマンドに戻るので、「印刷」ボタンをクリックし、印刷された線色ごとの色を確認する

2 「上書」(上書き保存) コマンドをクリック

✏ **POINT**

上書き保存することで、設定変更した印刷線幅とカラー印刷色の設定および「印刷」コマンドで指定した印刷時の用紙サイズ、印刷の向きなどの設定も上書き保存されます。

線の太さ、カラー印刷色や印刷時の指定情報は図面ファイルごとに保存されるよ。

AND MORE
印刷枠の移動

印刷枠に対する図面の収まりが悪いときやA2用紙の図面の一部をA4用紙に印刷したいというような場合には、「範囲変更」ボタンをクリックして、印刷枠を移動することができます。

1 「印刷」コマンドの「範囲変更」ボタンをクリック

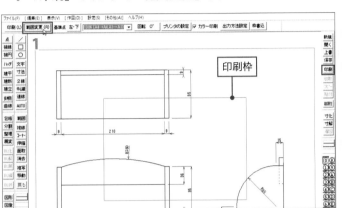

印刷枠

POINT

基準点「左・下」ボタンをクリックすることで、印刷枠に対するマウスポインタの位置を「中・下」→「右・下」→「左・中」→「中・中」→「右・中」→「左・上」→「中・上」→「右・上」と変更できます。

2 印刷枠に印刷したい範囲が入るように移動し、位置を決めるクリック

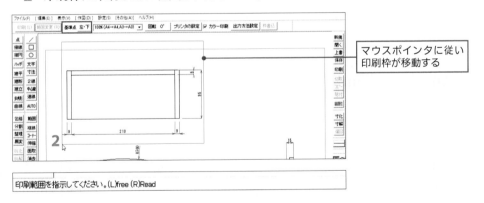

マウスポインタに従い印刷枠が移動する

印刷範囲を指示してください。(L)free (R)Read

AND MORE
縮小印刷

A2用紙の図面全体をA4用紙に縮小印刷したい場合は、コントロールバーの「印刷倍率」ボックスの▼をクリックし、リストから印刷倍率「50%（A2→A4, A1→A3）」を選択します。選択した倍率に準じて印刷枠の大きさが変更されます。

10 | 実寸と図寸

作図する線の長さ、円の半径などは、実際の寸法（実寸mm）で指定します。それに対し、文字の大きさなどの設定は、印刷する大きさ（図寸mm）で指定します。

1 | 実寸指定と図寸指定

線の長さや円の半径などは、実際の長さ（実寸）を単位mmで指定します。

実寸mmで指定

文字の大きさは、印刷する大きさ（図寸と呼ぶ）を単位mmで指定します。文字は記入後も図寸で管理されます。

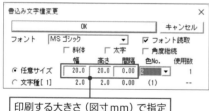

印刷する大きさ（図寸mm）で指定

実寸で半径100mmの円は、縮尺によって、印刷される大きさが異なりますが、図寸で幅20mmの文字は縮尺に関わりなく、同じ大きさで印刷されます。

幅20mm（図寸）の文字は縮尺に関わりなく、幅20mmで印刷される

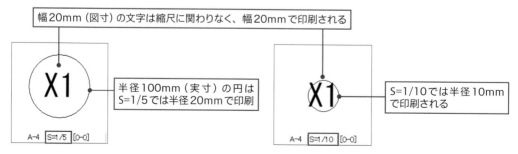

半径100mm（実寸）の円はS=1/5では半径20mmで印刷

S=1/10では半径10mmで印刷される

CHAPTER 2

線要素の作図

作図する線色・線種の指定方法と
水平線、垂直線、斜線、
既存線に鉛直な線、平行線、中心線、
分割線等々の作図方法を攻略しよう！

11 | 書込線の線色・線種の指定

線・円は書込線の線色・線種で作図されます。書込線の指定を行う「線属性」ダイアログについて学習しましょう。

1 | 書込線を線色6の点鎖3に指定する

1　「線属性」コマンドをクリック

2　「線色6」ボタンをクリック。

POINT

1の操作の代わりに「線属性」バーをクリックしても同じです。

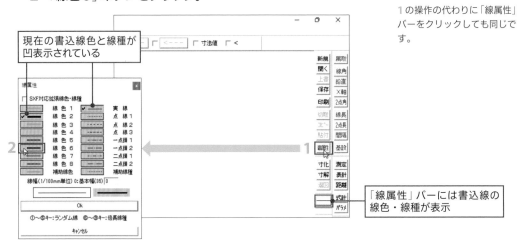

現在の書込線色と線種が凹表示されている

「線属性」バーには書込線の線色・線種が表示

3　「点線3」ボタンをクリック。

4　「OK」ボタンをクリック。

TIPS

図面上の既存線と同じ線色・線種を書込線にする方法については、p.178で解説しています。

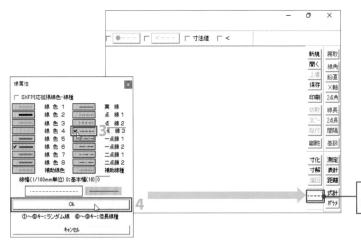

「線属性」バーが指定した線色・線種になる

「線属性」ダイアログ

● 標準線色・線種

8色の標準線色　　　　8種類の標準線種

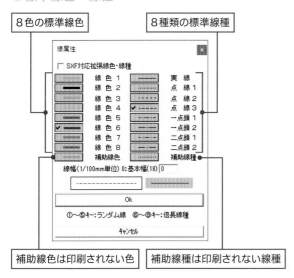

補助線色は印刷されない色　　補助線種は印刷されない線種

● SXF対応拡張線色・線種

「SXF対応拡張線色・線種」にチェックを付けることで切り替わる

線毎に指定できる線幅（1/100mm単位）

　「線幅」ボックスは「jw_win」ダイアログの「色・画面」タブの「線幅を1/100mm単位とする」にチェックが付いている場合に表示されます。

　0：基本幅（18）の（　）内の数値が、書込線色（凹表示）の印刷線幅（p.35「色・画面」タブで指定）を示します。18ならば0.18mmの意味です。

18は0.18mm

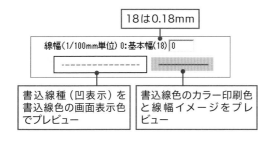

書込線種（凹表示）を書込線色の画面表示色でプレビュー　　書込線色のカラー印刷色と線幅イメージをプレビュー

Jw_cadでの作図では、基本的に、線の太さを線色で区別する標準線色と標準線種を使うよ。

　異なるCAD間での正確な図面ファイルの受け渡しを目的に国土交通省主導で開発された図面ファイルの形式SXFで定義されている線色・線種に対応した線色・線種です。この線色はカラー印刷色であり、線幅の区別ではありません。線幅は、作図の都度、「線幅」ボックスに「印刷線幅 x 100」の数値を入力することで指定します。他のCADとの図面の受け渡しで用いられるDXFファイル、SFCファイルを開くと、その図面の線色・線種はSXF対応拡張線色・線種に自動変換されます。

12 | 線分を作図

「／」（線）コマンドでは、指示した2点を両端点とする、書込線色・線種の線を作図します。
「／」コマンドで、始点と終点を指示して線を作図しましょう。

1 | 既存点から右下に適当な長さの線分を作図する

1　「／」コマンドをクリック

2　始点として、既存の実点を右クリック

> 2の点からマウスポインタまで
> 仮線が表示される

3　終点として、適当な位置をクリック

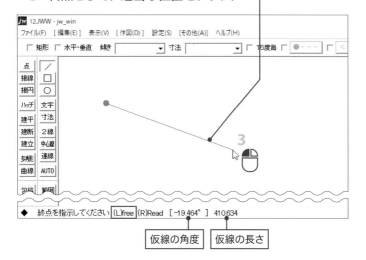

> 仮線の角度　　仮線の長さ

POINT

コントロールバー「水平・垂直」にチェックが無いことを確認してください。チェックが付いている場合には、クリックしてチェックを外してください。

POINT

P.26で学習したように、点指示時、図面上の点を指示する場合は、右クリックします。

これ、重要！
始点・終点として既存点を指示するには右クリックだよ。

POINT

ステータスバーの操作指示の後ろには、現在表示されている仮線の角度（°）と長さ（mm）が表示されます。

2 既存線端点から垂直線を作図し、作図した垂直線端点から既存線と同じ長さの水平線を作図する

1 「／」コマンドのコントロールバー「水平・垂直」をクリックし、チェックを付ける

2 始点として、既存線の左端点を右クリック

3 終点として、適当な位置でクリック

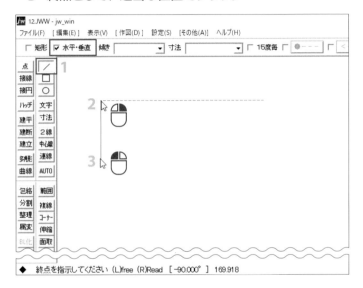

4 始点として、垂直線の下端点を右クリック

5 終点として、既存の点線の右端点を右クリック

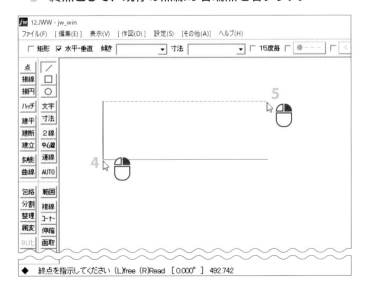

13 | 指定角度の線分を作図

「／」コマンドの「傾き」ボックスに角度を入力することで、指定角度の線分を作図します。
角度は、基本的に°単位で指定します。

1　既存点から27°の線分を作図する

1　「／」コマンドをクリック

2　「傾き」ボックスに「27」を入力

3　始点として既存点を右クリック

4　終点をクリック

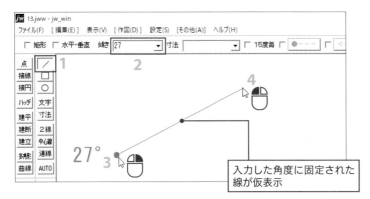

入力した角度に固定された
線が仮表示

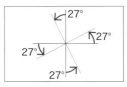

✎ POINT

「／」コマンドに限らず、基本的に角度は、°単位で、始点から水平右方向を0°とし、左回り（反時計回り）を＋（プラス）、右回り（時計回り）を－（マイナス）値で指定します。

📐 TIPS

2で「水平・垂直」にチェックを付けると、作図する線の角度が、0°、27°、90°、90＋27°、180°、180＋27°＋270°、270＋27°に固定されます。

2　既存点から右下がりの3寸勾配を作図する

1　「／」コマンドの「傾き」ボックスに「－//0.3」を入力

2　始点として既存点を右クリック

3　終点をクリック

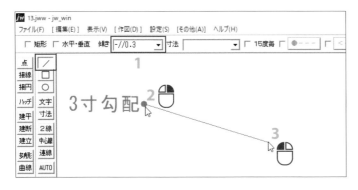

📐 TIPS

角度を度分秒単位で指定する場合は、度の代わりに「@@」、分の代わりに「@」を入力します。

26度3分18秒の場合

📐 TIPS

右上がりの3寸勾配は「//0.3」と入力します。右上がりの1/8勾配なら「//[1/8]」、右下がりの1/8勾配は先頭に「－」（マイナス）を付けて、「－//[1/8]」と入力します。

3 | 既存線に対して鉛直な線分を作図する

1 「／」コマンドのまま、「鉛直」コマンドをクリック

2 基準線として既存の線をクリック

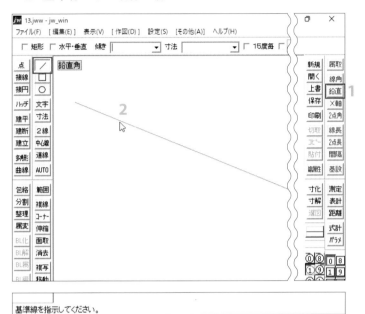

基準線を指示してください。

3 始点をクリック

4 終点をクリック

基準線（**2**でクリックした線分）に
鉛直な角度が取得される

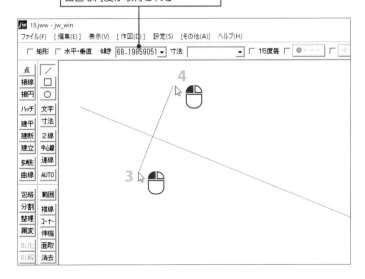

線分

POINT

「鉛直」コマンドは、基準線
として指示した線に鉛直な角
度をコントロールバーの角度
入力ボックスに自動入力（取
得）します。「／」コマンドに
限らず、他のコマンド選択時
にも同様に利用できます。

TIPS

1で「線角」コマンドを選択
した場合には、**2**でクリック
した線分の角度が「傾き」ボッ
クスに取得され、**2**の線と平
行な線を作図できます。

TIPS

角度を指定しない状態にする
には、「傾き」ボックスの▼を
クリックし、リスト先頭の
「（無指定）」を選択します。

47

14 | 指定長さの線分を作図

「／」コマンドの「寸法」ボックスに、線の長さを入力することで、指定長さの線分を作図します。長さは、基本的に実寸のmm単位で指定します。

1 左の点から右の点方向へ長さ600mmの線分を作図する

1 「／」コマンドをクリック

2 「寸法」ボックスに「600」を入力

3 始点として左の点を右クリック

4 終点として右の点を右クリック

入力した長さに固定された線が仮表示

POINT

「／」コマンドに限らず、基本的に長さ、距離は実寸（mm単位）で指定します。

POINT

始点から指定長さの仮線が作図されるため、終点指示は作図の方向（線の角度）を指示することになります。

TIPS

「寸法」ボックスで長さを指定しない状態にするには、「寸法」ボックスの▼をクリックし、リスト先頭の「（無指定）」を選択します。

AND MORE
計算式を入力

「寸法」ボックスに計算式を入力することで、その解を長さとして指定できます。足し算は「＋」、引き算は「－」、かけ算は「*」、割り算は「／」、「()」は「[]」を入力します。

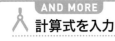

↓

Enter キーを押すとその解が表示される

寸法 646

＋（たす）は「＋」
－（ひく）は「－」
×（かける）は「*」
÷（わる）は「／」
()（かっこ）は「[]」
を入力します。

1 「／」コマンドを選択した状態で、「間隔」コマンドをクリック

2 基準線として既存の線分をクリック

POINT

「間隔」コマンドは、指示した基準線と次に指示する線・円・点との間隔をコントロールバーの長さ入力ボックスに自動入力（取得）します。「／」コマンドに限らず、他のコマンド選択時にも同様に利用できます。

線分

3 間隔測定のもう一方の線をクリック

POINT

3 は対象が線・円の場合はクリックで、点の場合は右クリックします。この例では、3 で角を右クリックしても同じ結果になります。

2 の基準線からマウスポインタまで仮線が表示される

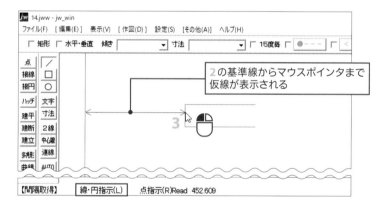

4 始点を右クリック

5 終点として作図角度を決めるクリック

2〜3間の間隔が取得される

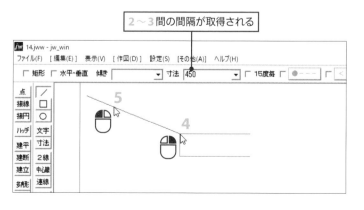

15 | 既存線に平行な線分を作図

「複線」コマンドは、既存の線・円を指定間隔の位置に、書込線色・線種で平行複写します。
「複線」コマンドで作図した平行線を複線と呼びます。

1 | 既存線を150mm左と200mm右に平行複写する

1 「複線」コマンドをクリック

2 「複線間隔」ボックスに「150」を入力

3 基準線（平行複写の対象線）とする線を右クリック

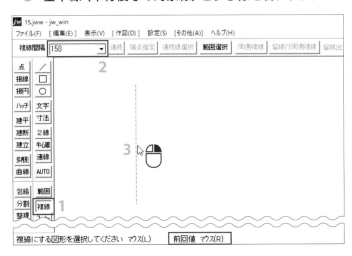

POINT

操作メッセージの「前回値マウス（R）」の「前回値」は、コントロールバー「複線間隔」ボックスの数値をさします。

POINT

3でクリックすると、「複線間隔」ボックスの数値が消えます。その場合は再度、数値を入力してください。

4 マウスポインタを基準線の左側に移動し、左側に仮線を表示した状態でクリック

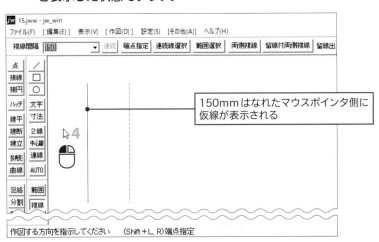

150mmはなれたマウスポインタ側に仮線が表示される

POINT

3の操作後、マウスポインタを基準線の左右に移動すると、マウスポインタの側に仮線が表示されます。**4**の操作で、基準線のどちら側に平行複写するかを指示します。

5 基準線を右クリック（前回値）

6 キーボードから「200」を入力

7 基準線の右側に仮線を表示した状態でクリック

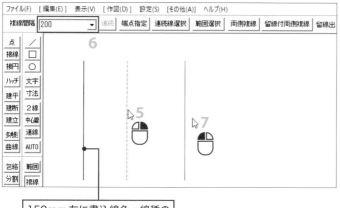

150mm左に書込線色・線種の
平行線（複線）が作図される

8 「連続」ボタンをクリック

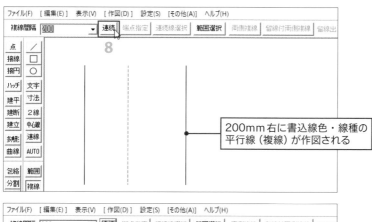

200mm右に書込線色・線種の
平行線（複線）が作図される

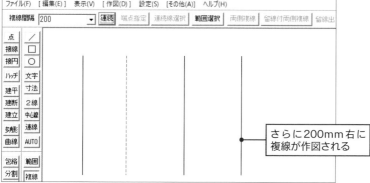

さらに200mm右に
複線が作図される

線分

POINT

5で基準線を右クリックすると、「複線間隔」ボックスの数値は色反転表示され、キーボードからの入力が可能な状態になります。ここ（6）でキーボードから数値を入力することで、複線間隔を変更できます。

「複線」コマンドは、図面作図において、もっとも多用するコマンドと言えるよ。確実にマスターしてね。

POINT

コントロールバーの「連続」ボタンをクリックすると、直前に作図した複線から同一間隔で同一方向にクリックした回数分の複線を作図します

2 | 250mm下に基準線とは異なる長さの複線を作図する

1 「複線」コマンドの「複線間隔」ボックスに「250」を入力

2 基準線を右クリック

3 「端点指定」ボタンをクリック

✏️ POINT

複線は基準線と同じ長さで仮表示されます。その段階でコントロールバー「端点指定」ボタンをクリックし、始点と終点を指示することで、基準線とは異なる長さの複線を作図できます。

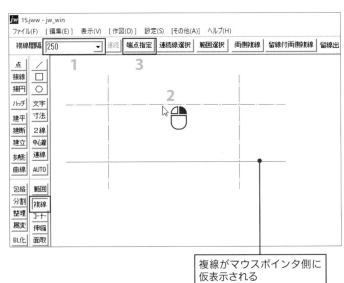

複線がマウスポインタ側に
仮表示される

4 始点として下図の交点を右クリック

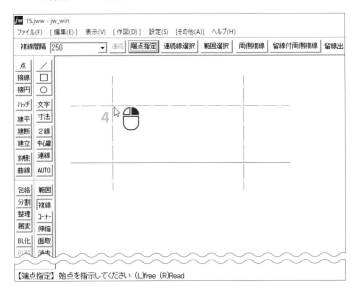

5 終点として下図の交点を右クリック

6 基準線の下側に仮線を表示し、作図方向を決めるクリック

POINT

5 の段階で複線が上側に表示されても、**6** で作図方向を指示するため支障ありません。

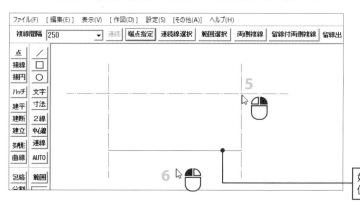

始点位置からマウスポインタまで仮線が表示

3 | 複写先位置を指示して複線を作図する

1 「複線」コマンドで、基準線をクリック

2 複写位置として端点を右クリック

POINT

基準線をクリックすると、コントロールバー「複線間隔」ボックスの数値が消え、複写位置をマウスで指示できる状態になります。また、ここでキーボードから数値を入力することも可能です。

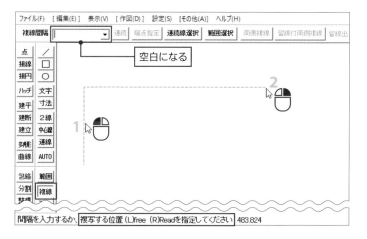

空白になる

間隔を入力するか、複写する位置 (L)free (R)Readを指定してください 483.824

3 作図方向を決めるクリック

基準線から**2**の点までの間隔が取得される

16 | 既存の連続線に平行な連続線を作図

「複線」コマンドでは、直前に作図した複線に連結して次の複線を作図することや、複線の基準線として連続した線を選択することで、連続した複線を作図することができます。

1　連続した3辺から75mm外に連続した複線を作図する

1　「複線」コマンドで、「複線間隔」ボックスに「75」を入力

2　基準線として左辺を右クリックし、左側で作図方向を決めるクリック

3　基準線として下辺を右クリック（前回値）

4　下辺の下側で作図方向を決める右クリック（連結）

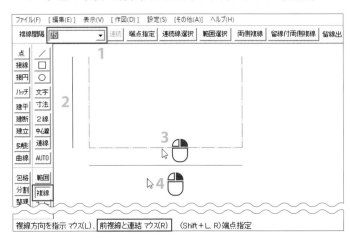

5　基準線として右辺を右クリック（前回値）

6　右辺の右側で作図方向を決める右クリック（連結）

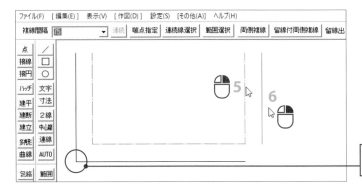

直前に作図した複線と連結して下辺の複線が作図される

✏ **POINT**

2本目以降の複線の作図方向を決めるときの操作メッセージに「前複線と連結　マウス（R）」と表示されます。これは、作図方向を右クリックで指示することで、1つ前に作図した複線とここで作図する複線を連結して作図することを意味します。

✏ **POINT**

途中、「戻る」コマンドで取り消すと、次に指示する複線は1本目の複線と見なされるため、作図方向指示時に「前複線と連結　マウス（R）」は表示されず、1つ前の複線と連結することはできません。ご注意ください。

2 | 連続線から75mm内側に連続した複線を作図する

1 「複線」コマンドで、「複線間隔」ボックスに「75」を入力

2 基準線として左辺を右クリック

3 「連続線選択」ボタンをクリック

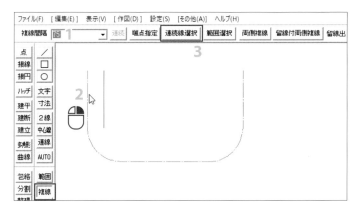

✏ POINT

基準線を指示後、コントロールバー「連続線選択」ボタンをクリックすると、指示した基準線に連続するすべての線・円弧が複線の基準線になります。

4 複線が反対側に仮表示される基準線を右クリック

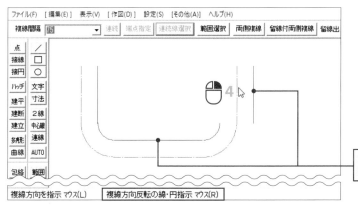

左辺に連続するすべての線の複線が仮表示される

✏ POINT

左図のように一部の線や円弧の仮表示方向が逆の場合には、逆に表示されている線・円弧の基準線を右クリックして、方向を調整します。

5 内側に複線を仮表示し、作図方向を決めるクリック

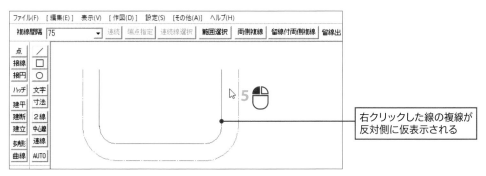

右クリックした線の複線が反対側に仮表示される

線分

17 既存線両側に同間隔振分けの線を作図

「複線」コマンドでは基準線指示後にコントロールバー「両側複線」ボタンをクリックすることで、基準線の両側に同間隔の複線を作図できます。

1 連続線の両側に40mm振分けで連続した複線を作図する

1　「複線」コマンドで、「複線間隔」ボックスに「40」を入力

2　基準線を右クリック

3　「連続線選択」ボタンをクリック

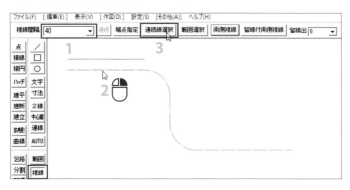

📝 **POINT**

基準線を指示後、コントロールバー「連続線選択」ボタンをクリックすると、指示した基準線に連続するすべての線・円弧が複線の基準線になります。

4　「両側複線」ボタンをクリック

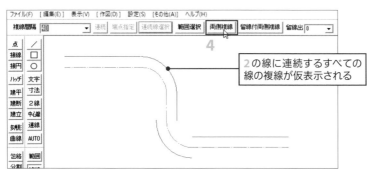

2の線に連続するすべての線の複線が仮表示される

📝 **POINT**

基準線を指示後、コントロールバー「両側複線」ボタンをクリックすると、指示した基準線の両側に同間隔で複線を作図します。

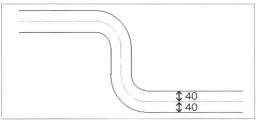

2 | 複数の連続線に両側20mm振分けで留線付複線を作図する

1 「範囲」コマンドをクリック

2 基準線にする複数の線を範囲選択する

POINT

複数の線を複線の基準線にして複線を一括作図するため、ここでは「範囲」コマンドで、それらを範囲選択した後、「複線」コマンドを選択します。
範囲選択▶p.30

3 「複線」コマンドをクリック

4 「複線間隔」ボックスに「20」を入力

5 「留線出」ボックスに「20」を入力

6 「留線付両側複線」ボタンをクリック

POINT

「留線付両側複線」では、基準線の両側の複線に加え、基準線端部にも「留線出」ボックスで指定の距離をはなして留線を作図します。

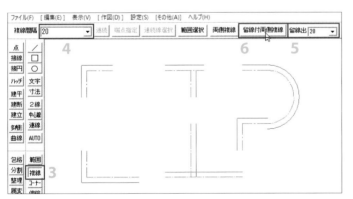

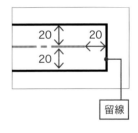

2で選択した基準線の両側に20mm振分けの複線と端部から20mmの位置に留線が一括作図される

18 | 既存線両側に指定間隔で平行線を作図

「2線」コマンドでは基準線からの2数の間隔を指定することで、既存線の両側にそれぞれ異なる間隔で書込線色・線種の平行線を作図できます。

1 既存線から上側に25mm、下側に50mm振分けで2本の平行線（2線）を作図する

1 「2線」コマンドをクリック

2 「2線の間隔」ボックスに「25，50」を入力

3 基準線をクリック

4 始点として、基準線の左端点を右クリック

5 「間隔反転」ボタンをクリック

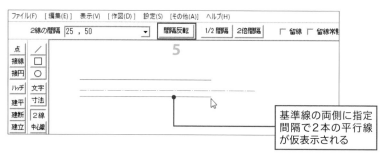

基準線の両側に指定間隔で2本の平行線が仮表示される

6 終点として、基準線の右端点を右クリック

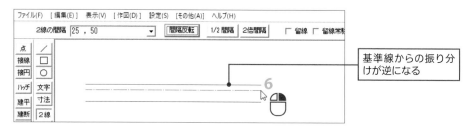

基準線からの振り分けが逆になる

2 続けて、右の2本の基準線に外側25mm、内側50mmの振り分けで2線を作図する

1 前ページの続きとして、次の基準線にする水平線をダブルクリック

2 始点を右クリック

3 次の基準線として垂直線をダブルクリック

POINT

「2線」コマンドでは、基準線を変更しない限り、同じ基準線の両側に2線を作図します。基準線変更は、次に基準線にする線をダブルクリックします。それにより、作図ウィンドウ左上に基準線を変更しましたと表示されます。

POINT

終点を指示せずに、次の基準線をダブルクリックすることで、現在仮表示されている2線に連続して次の2線を作図できます。

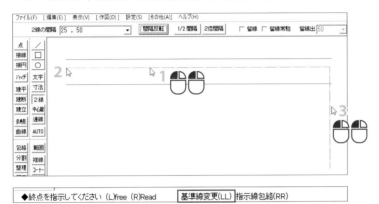

4 コントロールバー「留線」ボックスにチェックを付ける

5 コントロールバー「留線出」ボックスに「50」を入力

6 終点として、垂直線下端点を右クリック

POINT

基準線に対する2線の振り分け間隔が逆の場合は**6**の操作前にコントロールバー「間隔反転」ボタンをクリックすることで、振分け間隔を反転します。

POINT

「留線」ボックスにチェックを付けることで、次に点指示する始点または終点に留線を作図します。

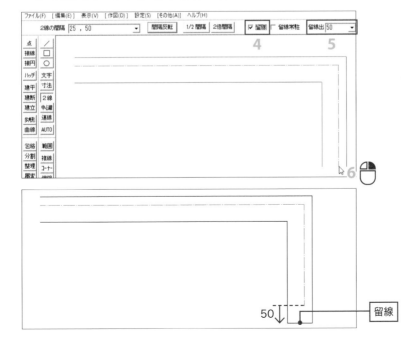

19 | 中心線を作図

「中心線」コマンドで2つの点、線、円を指示し、中心線の始点と終点を指示することで、書込線色・線種の中心線を作図します。

1 | 点と線間の中心線を作図する

1 「中心線」コマンドをクリック

2 1つ目の要素として点を右クリック

3 2つ目の要素として線をクリック

POINT

中心線の対象要素を指示する際、線・円はクリックで、点は右クリックで指示します。

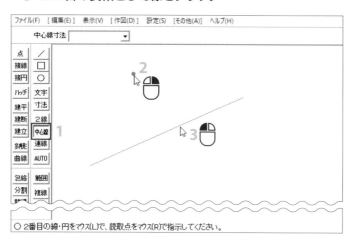

○ 2番目の線・円をマウス(L)で、読取点をマウス(R)で指示してください。

4 中心線の始点位置をクリック

5 中心線の終点位置をクリック

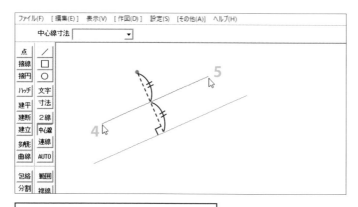

中心線は点から**3**の線への垂線を2等分する

2つの指示要素と作図される中心線

平行でない2本の線を指示した場合

中心線は2本の線の角度を2等分する

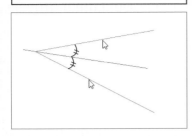

点と円を指示した場合

中心線は点から円への垂線を2等分する

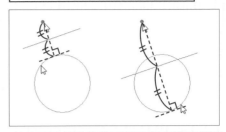

円のクリック位置により中心線の位置が異なる

---

2 既存線の延長上に長さ30mmの線を作図する

1 「中心線」コマンドのコントロールバー「中心線寸法」ボックスに「30」を入力

2 1つ目の要素として線をクリック

> **POINT**
> コントロールバー「中心線寸法」ボックスに長さを指定することで、始点から指定長さの中心線を作図できます。

3 2つ目の要素として同じ線をクリック

4 始点位置をクリック

5 終点として、4より右側でクリック

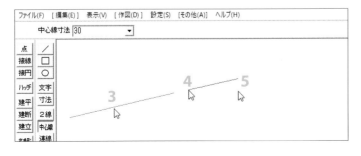

> **POINT**
> 1つ目、2つ目の要素として、同じ線をクリックすることで、その線の延長上の線を作図します。

20 | 分割線を作図

「分割」コマンドでは、2つの線・円・点間を分割する書込線色・線種の線・円・点を作図します。2つの対象のいずれかでも線を指定した場合に分割線を作図します。

1 | 線と線の間を3つに等分割する線を作図する

1 「分割」コマンドをクリック

2 コントロールバー「等距離分割」を選択

3 コントロールバー「分割数」ボックスに「3」を入力する

4 1本目の線をクリック

5 2本目の線をクリック

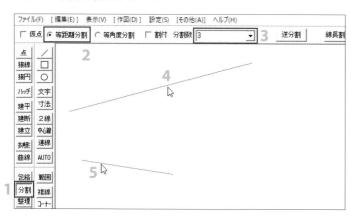

4と5間を3つに等分割する分割線が
書込線色・線種で作図される

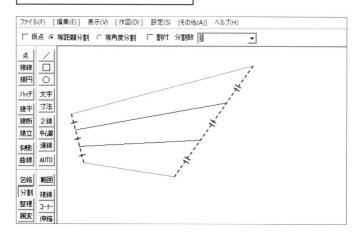

POINT

2で「等距離分割」を選択したため、2本の線の近い端点同士を結んだ線を3等分した点を両端点とする分割線が作図されます。

AND MORE

等角度分割

2で「等角度分割」を選択した場合には、2本の線間の角度を3つに等分割する分割線が作図されます。

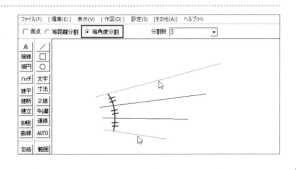

---

2 線と点間を70mm間隔で分割する線を作図する

1 「分割」コマンドの「等距離分割」を選択し、「割付」にチェックを付ける

2 「距離」ボックスに「70」を入力する

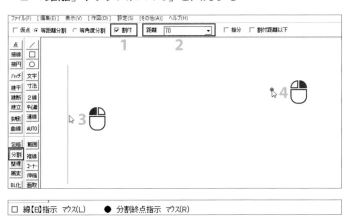

POINT

「等距離分割」選択時に表示される「割付」にチェックを付けると「分割数」ボックスが距離を入力するための「距離」ボックスになり、**3**で指示した要素側から指定距離で分割線を作図します。

3 線をクリック

4 点を右クリック

( ) 内には分割数が表示

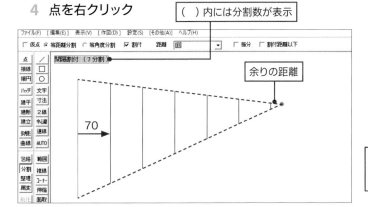

余りの距離

70

はじめに指示した要素側から70mm間隔で分割線が作図される

TIPS

コントロールバー「振分」にチェックを付けて**3**、**4**を行うと、**3**と**4**の中心から左右に70mm間隔で分割線が作図されます。

21 | 接線を作図

「接線」コマンドで、コントロールバーで作図する接線の条件を指定して、接する円を指示することで、書込線色・線種の接線を作図します。

1 | 円周上の指定点の接線を作図する

1. 「接線」コマンドをクリック
2. 「円上点指定」を選択
3. 円をクリック
4. 円上点を右クリック

✏ POINT

「円上点指定」では、円と円上の点を指示することで、その点における接線を作図します。

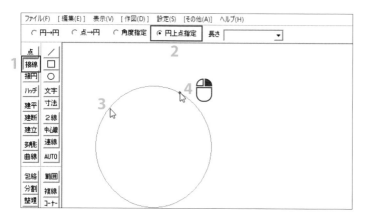

5. 接線の始点をクリック
6. 接線の終点をクリック

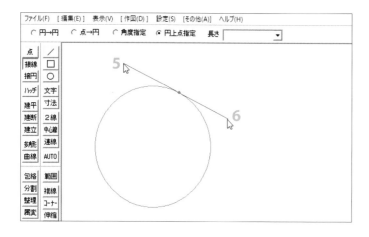

2 | 2つの円の接線を作図する

1 「接線」コマンドの「円→円」を選択

2 1つ目の円を下図の位置でクリック

3 2つ目の円を下図の位置でクリック

✎ POINT

円をクリックする位置に注意してください。円をクリックした側の接線を作図します。

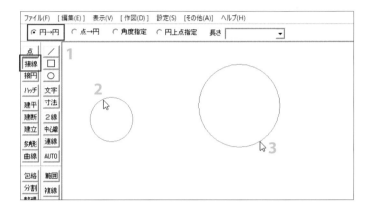

4 「長さ」ボックスに「100」を入力

✎ POINT

コントロールバー「長さ」ボックスに長さを入力することで、1つ目の円から指定長さの接線を作図します。

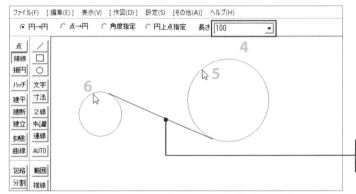

2と3で円をクリックした側の接線が作図される

5 1つ目の円を上図の位置でクリック

6 2つ目の円を上図の位置でクリック

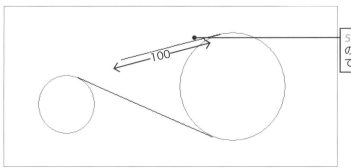

5と6の円の接線が1つ目の円から100mmの長さで作図される

65

22 | ハッチング線を作図

「ハッチ」コマンドでは、ハッチングする範囲（ハッチ範囲）を指定し、コントロールバーでハッチングの種類とその間隔を指定することで、書込線色・線種でハッチング線を作図します。

1 | 中抜きした範囲に3線ハッチを作図する

1 「ハッチ」コマンドをクリック

2 ハッチ範囲の外形線を右クリック

始めの線・弧をマウス(L)で、閉鎖連続線・円をマウス(R)で指示してください。【0】

3 中抜きする範囲を指定するため、開始線をクリック

4 開始線に連続する2本目の線をクリック

5 3本目の線として下図の線をクリック

右クリックした線に連続する線がハッチ範囲として選択色になる

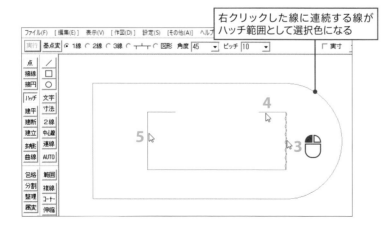

> **POINT**
>
> ハッチ範囲の外形線が円や閉じた連続線の場合は、その外形線を右クリックすることで選択できます。

> **POINT**
>
> 続けて複数のハッチ範囲を指定できます。中抜きハッチは、ハッチ範囲と中抜きの範囲の両方をハッチ範囲として指定します。ここで中抜きする範囲は閉じた連続線になっていないため、その外形線を1本ずつクリックして範囲を指定します。**5**で**4**の延長上の線をクリックした場合は計算できませんと表示され、次の線として選択されません。

6 3本目の線に連続する4本目の線をクリック

7 波線表示されている開始線をクリック

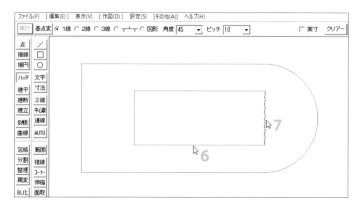

8 「3線」を選択

9 「角度」「ピッチ」「線間隔」を確認

10 「実行」ボタンをクリック

POINT

ハッチの「ピッチ」「線間隔」は基本的に図寸で指定します。コントロールバー「実寸」にチェックを付けると実寸での指定になります。

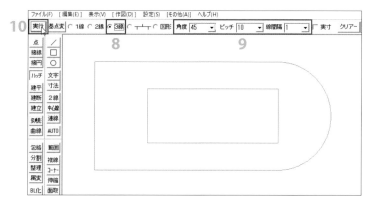

11 「クリアー」ボタンをクリック

POINT

3線のハッチングが指定範囲に書込線色・線種で作図されます。作図後もハッチ範囲は選択色で表示されており、同じ範囲に再度、角度等を変えてハッチングを作図することもできます。コントロールバー「クリアー」ボタンをクリックすると、ハッチ範囲が解除され、元の色に戻ります。

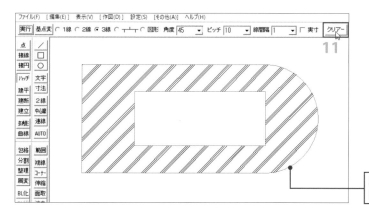

8で選択した3線ハッチが書込線色・線種で作図される

2 複数の閉じた範囲に実寸で目地ハッチを作図する

1 「範囲」コマンドをクリック

2 ハッチ範囲にする閉じた連続線を範囲選択する

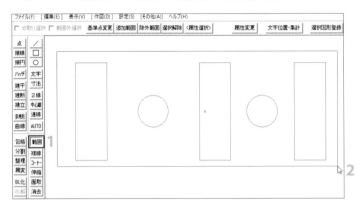

📝 POINT

ハッチ範囲が閉じた連続線の
みの場合、選択範囲枠で囲む
ことで、複数のハッチ範囲を
選択できます。範囲選択
▶p.30

3 「ハッチ」コマンドをクリック

4 「┬─┴─┬」(目地) を選択

5 「実寸」にチェックを付ける

6 「縦ピッチ」ボックスに「50」を入力

7 「横ピッチ」ボックスに「100」を入力

8 「角度」ボックスを「0」にする

9 「基点変」ボタンをクリック

10 下図の角を右クリック

📝 POINT

「実寸」にチェックを付ける
ことで「縦ピッチ」「横ピッチ」
ボックスが実寸指定になりま
す。

📝 POINT

9、**10**で基準点を指定する
ことで、**10**の角を基準 (必
ずハッチ線が通る点) として
指定間隔のハッチ線を作図し
ます。ここでは100×
50mmの左下角を**10**の点
に合わせて、「┬─┴─┬」(目地)
が作図されます。

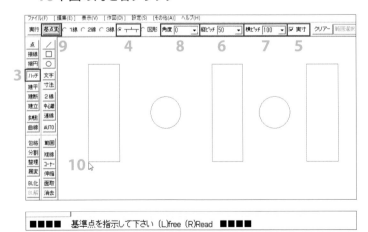

11「実行」ボタンをクリック

12「クリアー」ボタンをクリック

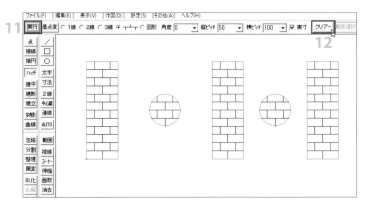

AND MORE

ハッチ種類とそのピッチ指定

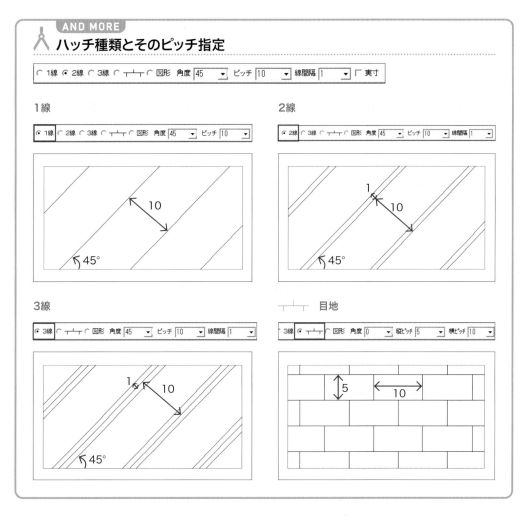

2章の復習のための作図課題

Rev2.jwwを開いて、下図の寸法の図を描き加えよう。作図手順は各自に任せるよ。迷った時には赤枠のヒントとそのページを見てね。

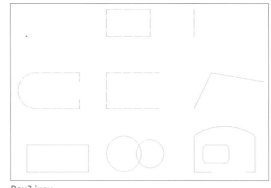

Rev2.jww

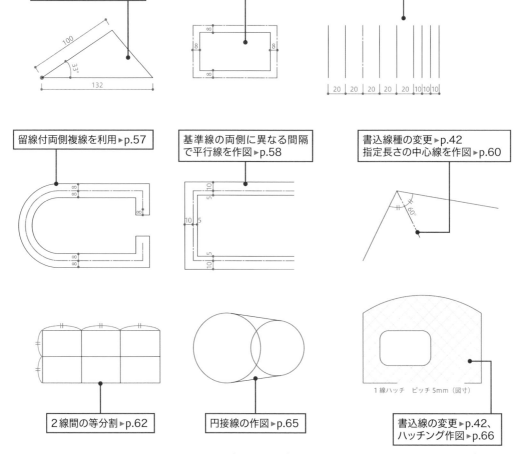

指定長さ・指定角度の線を作図 ▶p.44〜48

連続した複線の作図 ▶p.55

複線の連続作図 ▶p.51

留線付両側複線を利用 ▶p.57

基準線の両側に異なる間隔で平行線を作図 ▶p.58

書込線種の変更 ▶p.42
指定長さの中心線を作図 ▶p.60

2線間の等分割 ▶p.62

円接線の作図 ▶p.65

書込線の変更 ▶p.42、
ハッチング作図 ▶p.66

1線ハッチ　ピッチ5mm（図寸）

※上図の寸法入りの完成図をRev2完成図.jwwとして「02」フォルダーに収録しています。必要に応じて印刷してご利用ください。

CHAPTER 3

円・円弧と
多角形の作図

円・円弧・楕円などの作図と
長方形や正多角形の作図を
攻略しよう！

23 | 円を作図

「○」（円弧）コマンドでは、円・円弧（楕円・楕円弧含む）を書込線色・線種で作図します。
コントロールバーで半径寸法や作図時のクリック位置である基点を指定できます。

1 | 半径30mmの円を作図する

1 「○」（円弧） コマンドをクリック

2 「半径」ボックスに「30」を入力

3 中心の交点にマウスポインタを合わせ右クリック

4 「中・中」（基点） ボタンをクリック

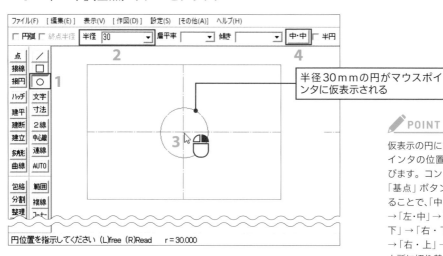

半径30mmの円がマウスポインタに仮表示される

POINT

仮表示の円に対するマウスポインタの位置を「基点」と呼びます。コントロールバーの「基点」ボタンをクリックすることで、「中・中」→「左・上」→「左・中」→「左・下」→「中・下」→「右・下」→「右・中」→「右・上」→「中・上」の9カ所に切り替わります。右クリックでは逆回りに切り替わります。基点の切り替えは、Shift キーを押したまま Space キーを押すことでもできます。

5 円の作図位置として左上角を右クリック

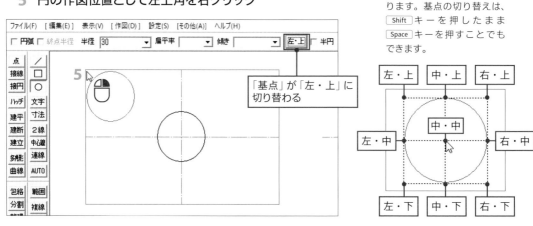

「基点」が「左・上」に切り替わる

左・上	中・上	右・上
左・中	中・中	右・中
左・下	中・下	右・下

2 　指示した2点を半径とする円を作図する

1 「〇」コマンドの「半径」ボックスを「(無指定)」または空白にする

2 円の中心点として、交点を右クリック

3 円周上の位置として、垂直線の上端点を右クリック

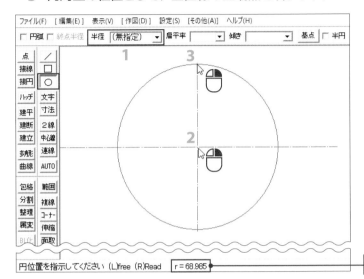

仮表示の円の半径を表示

3 　指示した2点を直径とする円を作図する

1 「〇」コマンドの「基点」ボタンをクリックし、「外側」にする

2 交点を右クリック

3 垂直線の上端点を右クリック

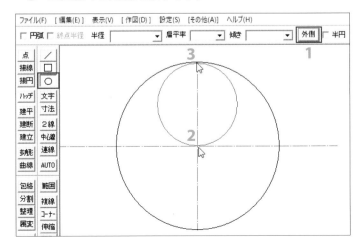

✎ **POINT**

コントロールバー「半径」入力ボックスが空白の場合は、「基点」ボタンをすることで「外側」(指示した2点が直径)⇔「中央」(指示した2点が半径)に切り替わります。

24 | 円弧を作図

「○」コマンドのコントロールバーの「円弧」にチェックを付けることで円弧を作図します。コントロールバーでの指定により、作図手順も変わります。

1 | 中心点・始点・終点指示で円弧を作図する

1 「○」コマンドをクリック

2 「円弧」ボックスにチェックを付ける

3 中心点を右クリック

4 円弧の始点位置として、下図の端点を右クリック

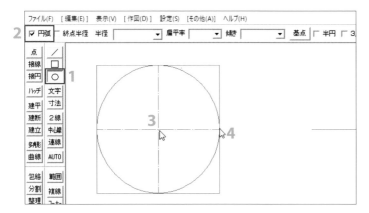

5 円弧の終点位置として下図の角を右クリック

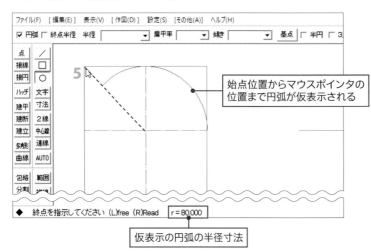

始点位置からマウスポインタの位置まで円弧が仮表示される

終点を指示してください (L)free (R)Read　r＝80.000

仮表示の円弧の半径寸法

POINT

始点指示は円弧の始点位置を決めると同時に半径を確定します。終点指示は円中心から見た円弧の作図角度を決めます。半径を指定した円弧を作図する場合は、コントロールバー「半径」ボックスに半径を入力し、**2**～**5**の操作を行います。円弧作図時の始点→終点指示は、左回り、右回りのいずれでも行えます。

TIPS

5の操作前にコントロールバー「終点半径」にチェックを付けると、中心点-終点の間隔が円弧の半径になります。

2 | 始点・終点と通過点指示で円弧を作図する

1 「○」コマンドの「円弧」と「3点指示」にチェックを付ける

2 始点として、水平線の左端点を右クリック

3 終点として、右端点を右クリック

4 通過点として、垂直線の上端点を右クリック

TIPS

「円弧」にチェックを付けずに「3点指示」のみにチェックを付けた場合は指示した3点を通る円を作図します。

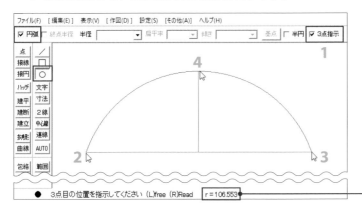

仮表示の円の半径寸法

3 | 始点・終点指示で半径80mmの円弧を作図する

1 「○」コマンドの「円弧」と「3点指示」にチェックを付ける

2 「半径」ボックスに「80」を入力

3 始点として、垂直線の上端点を右クリック

4 終点として、垂直線の下端点を右クリック

5 下図の円弧にマウスポインタを近づけ、実線で仮表示されたらクリック

POINT

3と4を両端点とする半径80mmの円弧は複数あるため、候補となる複数の円弧が点線で仮表示されます。操作メッセージは「必要な円弧を指示してください」になります。点線で仮表示されている候補の円弧にマウスポインタを近づけ、円弧が実線の仮表示になった状態でクリックすることでその円弧を選択して作図します。条件を満たす円弧が成り立たない場合は計算できませんと表示されます。

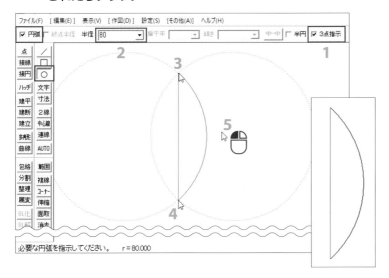

25 | 楕円を作図

「○」コマンドの「扁平率」ボックスに数値を入力すると楕円・楕円弧の作図になります。また、「接円」コマンドの「接楕円」でも作図できます。

1　長軸径80mm扁平率30%の楕円を作図する

1　「○」コマンドをクリック

2　「半径」ボックスに「80」を入力

3　「扁平率」ボックスに「30」を入力

4　配置位置を右クリック

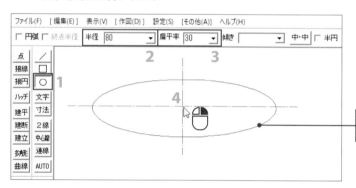

長軸径80mm、扁平率30%の楕円が仮表示される

POINT

「扁平率」ボックスに「短軸径÷長軸径×100」を入力することで楕円の作図になります。「基点」ボタンをクリックすることで、円同様に9ヵ所に基点を切り替えできます。また、「円弧」にチェックを付けると楕円弧の作図になります。

2　長軸径80mm短軸径35mmの楕円を作図する

1　「○」コマンドの「半径」ボックスに「80」を入力

2　「扁平率」ボックスに「-35」を入力

3　配置位置を右クリック

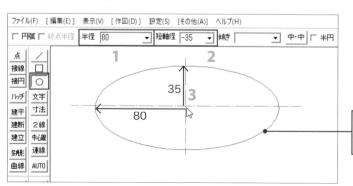

長軸径80mm、短軸径35mmの楕円が仮表示される

POINT

「扁平率」ボックスに－（マイナス値）で短軸径を入力することで、「扁平率」ボックスの表示が「短軸径」に変わり、長軸径（「半径」ボックスに入力）と短軸径を指定した楕円・楕円弧を作図できます。

3 | 中心点と通過点指示で楕円を作図する

1 「○」コマンドの「半径」ボックスを「(無指定)」または空白にする

2 「扁平率」ボックスに「50」を入力

3 「傾き」ボックスに「15」を入力

4 中心点として交点を右クリック

5 円位置として垂直線の上端点を右クリック

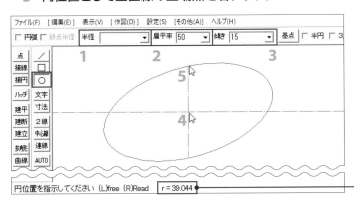

4 | 長軸両端点と通過点指示で楕円を作図する

1 「接円」コマンドをクリック

2 「接楕円」ボタンをクリック

3 「3点指示」ボタンをクリック

4 楕円軸の始点を右クリック

5 楕円軸の終点を右クリック

6 通過点を右クリック

🔖 TIPS

3 で「3点半楕円」ボタンをクリックした場合は、**4〜6** の指示で半楕円を作図します。

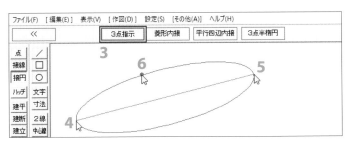

26 | 接円を作図

「接円」コマンドでは、3つの条件（接する要素や半径寸法）を指定することで、線・円に接する円・楕円を書込線色・線種で作図します。

1 | 3つの要素に接する円を作図する

1 「接円」コマンドをクリック

2 1番目の要素として、線をクリック

3 2番目の要素として、円をクリック

4 3番目の要素として、実点を右クリック

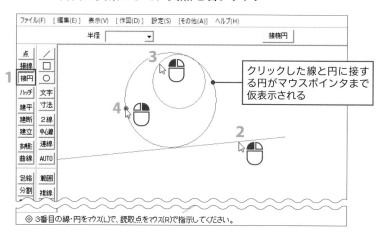

クリックした線と円に接する円がマウスポインタまで仮表示される

◎ 3番目の線・円をマウス(L)で、読取点をマウス(R)で指示してください。

✏ POINT

接する要素が線・円の場合はクリックで、点の場合は右クリックで指示します。左図の例では、3で円をクリックする位置によって、作図される接円が異なります。

3で円弧を下側でクリック

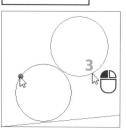

🗜 **AND MORE**

接楕円の作図

「接円」コマンドのコントロールバー「接楕円」ボタンをクリックすると、下図のコントロールバーに切り替わり、接楕円を作図します。

3点指示
3点（長軸両端点と通過点）に接する楕円　　　▶p.77

菱形内接
菱形に内接する楕円

平行四辺内接
平行四辺形に内接する楕円

3点半楕円
3点（長軸両端点と通過点）に接する半楕円

2 | 半径50mmの接円を作図する

1 「接円」コマンドの「半径」ボックスに「50」を入力

2 1番目の要素として、円をクリック

3 2番目の要素として、線をクリック

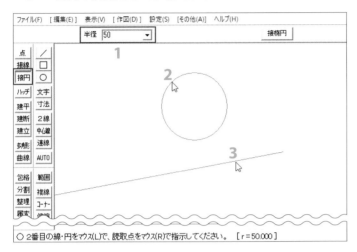

4 マウスポインタを移動し、作図したい接円を表示した状態でクリック

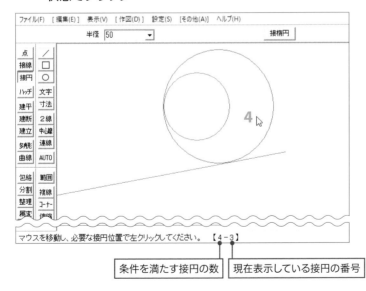

条件を満たす接円の数　現在表示している接円の番号

POINT

1、2、3の条件を満たす接円が複数存在する場合、マウスポインタを移動することでマウスポインタ位置に近い接円が仮表示されます。マウスポインタを移動して作図したい接円が表示された状態でクリックします。1、2、3の条件で接円が成り立たない場合は計算できませんと表示されます。

27 | 長方形を作図

「□」（矩形）コマンドでは、横と縦の寸法を指示するか、その対角位置を指示することで、書込線色・線種の長方形を作図します。

1 | 指示した2点を対角とする長方形を作図する

1 「□」（矩形）コマンドをクリック

2 「寸法」ボックスの▼をクリックし、リストから「（無指定）」をクリック

✎ **POINT**

「寸法」ボックスで数値を指定しない状態にするには、「寸法」ボックスの▼をクリックし、リスト先頭の「（無指定）」を選択します。

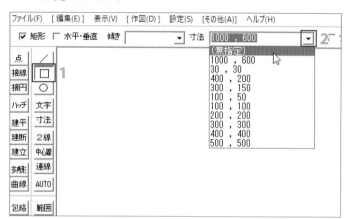

3 始点として、端点を右クリック

4 終点として、もう一方の端点を右クリック

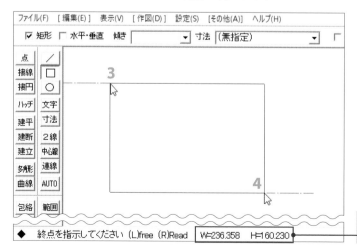

仮表示の長方形の幅（W）と高さ（H）が表示される

2 | 横80mm、縦50mmの長方形を作図する

1 「□」コマンドで、「寸法」ボックスに「80，50」を入力

2 基準点位置として、交点を右クリック

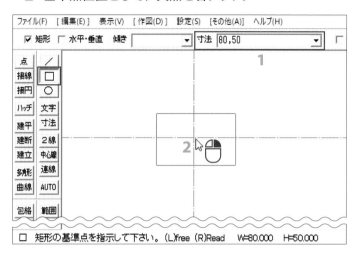

3 マウスポインタ上方向に移動する

4 下図のように長方形が仮表示された状態で作図位置を確定するためのクリック

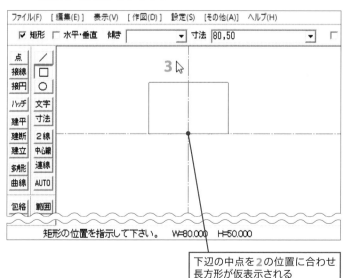

下辺の中点を**2**の位置に合わせ長方形が仮表示される

円・円弧・多角形

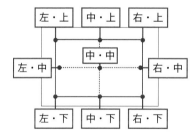

POINT

「寸法」ボックスには「横，縦」の順に「，」（カンマ）で区切った2数を入力します。横と縦が同じ寸法の場合は1数だけの入力で正方形になります。

TIPS

「80..50」のように「，」（カンマ）の代わりに「..」（ドット）2つを入力することでも指定できます。

POINT

寸法を指定した長方形は、矩形（長方形）の基準点と合わせる位置（作図基準点）を指示後、マウスポインタを移動して矩形の基準点9カ所（下図）のいずれかを作図基準点に合わせてクリックすることで作図します。

```
┌────┐ ┌────┐ ┌────┐
│左・上│ │中・上│ │右・上│
└────┘ └────┘ └────┘
        ┌────┐
        │中・中│
┌────┐ └────┘ ┌────┐
│左・中│       │右・中│
└────┘        └────┘
┌────┐ ┌────┐ ┌────┐
│左・下│ │中・下│ │右・下│
└────┘ └────┘ └────┘
```

適当な位置に作図する場合にも**2**と**4**の指示が必要だよ！

28 | 正多角形を作図

「多角形」コマンドでは、コントロールバー「角数」ボックスに頂点の数を指定することで、正多角形を作図します。

1 | 円に内接する正五角形を作図する

1 「多角形」コマンドをクリック

2 「中心→頂点指定」を選択

3 「寸法」ボックスを（無指定）または空白にする

4 「角数」ボックスに「5」を入力

5 円の中心点を右クリック

6 頂点位置として、円上の点を右クリック

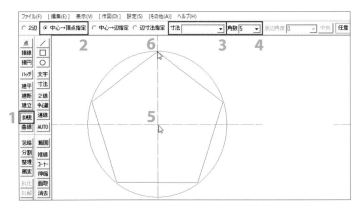

AND MORE
円に外接する多角形の作図

上記**2**で「中心→辺指定」を選択することで、円に外接する正五角形を作図できます。

2 中心→辺の長さ50mmの正五角形を作図する

1 「多角形」コマンドの「角数」ボックスに「5」を入力

2 「中心→辺指定」を選択

3 「寸法」ボックスに「50」を入力

4 配置位置として実点を右クリック

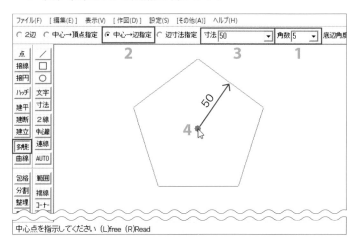

✏ POINT

コントロールバーの「中央」ボタンをクリックすると正多角形の基点（仮表示の正多角形に対するマウスポインタの位置）が「中央」→「頂点」→「辺」に切り替わります。

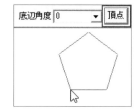

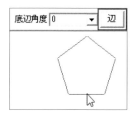

3 一辺の長さ50mmの正五角形を作図する

1 「多角形」コマンドの「角数」ボックスに「5」を入力

2 「辺寸法指定」を選択

3 「寸法」ボックスに「50」を入力

4 配置位置として実点を右クリック

一辺50mmの正五角形が仮表示される

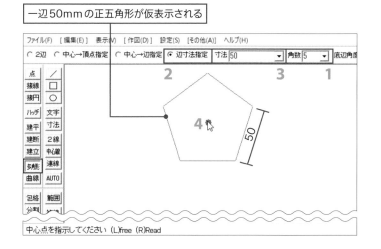

✏ POINT

コントロールバーの「底辺角度」ボックスで多角形の底辺の角度を指定できます。

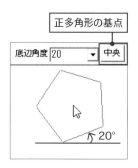

正多角形の基点

29 | 三辺の長さを指定した三角形を作図

三辺の長さを指定した三角形を作図するには、「／」コマンドで一辺を作図したうえで、「多角形」コマンドの「2辺」で二辺の長さを指定して作図します。

1 | 三辺の長さが90mm、70mm、45mmの三角形を作図する

1 「／」コマンドをクリック

2 実点から長さ90mmの水平線を作図する

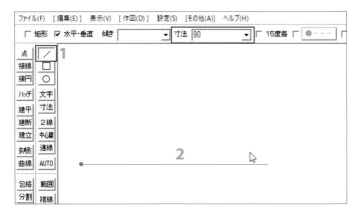

3 「多角形」コマンドをクリック

4 「2辺」を選択

5 「寸法」ボックスに「70,45」を入力

6 始点として、底辺の左端点を右クリック

7 終点として、底辺の右端点を右クリック

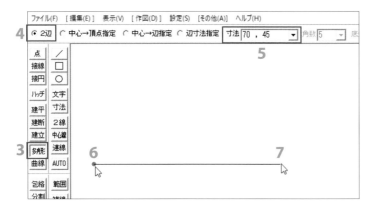

 POINT

「寸法」ボックスには、**6**、**7**で指示する「始点からの辺の長さ, 終点からの辺の長さ」の順に「,」(カンマ) で区切って入力します。

8 底辺の上側に2辺が表示された状態で作図方向を決めるクリック

始点から70mm、終点から45mmの
線で形成される2辺が仮表示される

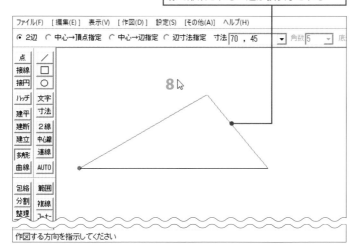

AND MORE

2辺の長さを指定せずに頂点位置指示で作図

コントロールバー「寸法」ボックスを「(無指定)」にすると、指示した始点・終点からマウスポインタまで
下図のように2辺が仮表示され、頂点位置を右クリック(またはクリック)することで三角形が作図され
ます。

1 「多角形」コマンドで「2辺」を選択し、「寸法」ボックスを「(無指定)」にする

2 始点として、底辺の左端点を右クリック

3 終点として、底辺の右端点を右クリック

4 頂点位置として実点を右クリック

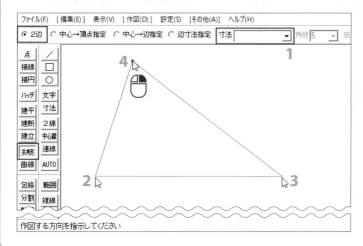

この章の復習のための作図課題

Rev3.jwwを開いて、下図の寸法の図を描き加えよう。作図手順は各自に任せるよ。迷った時は赤枠のヒントとそのページを見てね。

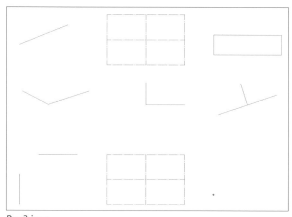

Rev3.jww

2点を直径とする円の作図 ▶p.73	指定半径の円の作図 ▶p.72	始点・終点と半径指示による円弧の作図 ▶p.75

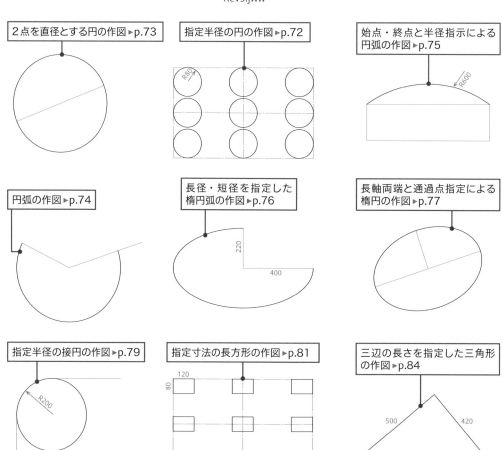

円弧の作図 ▶p.74	長径・短径を指定した楕円弧の作図 ▶p.76	長軸両端と通過点指定による楕円の作図 ▶p.77

指定半径の接円の作図 ▶p.79	指定寸法の長方形の作図 ▶p.81	三辺の長さを指定した三角形の作図 ▶p.84

※上図の寸法入りの完成図をRev3完成図.jwwとして「03」フォルダーに収録しています。必要に応じて印刷してご利用ください。

CHAPTER 4

線・円・円弧要素の整形

線・円・円弧の一部分を
消したり、伸縮したり、
角やR面を作成するなど
様々な整形方法をマスターしよう！

30 ｜ 線の一部分を消去

「消去」コマンドで線をクリックすることで、その線の一部分を消します。コントロールバーでの指定により、2通りの部分消しの方法があります。

1 ｜ クリック個所を節間消しする

1 「消去」コマンドをクリック

2 「節間消し」にチェックを付ける

3 下図の位置で線をクリック

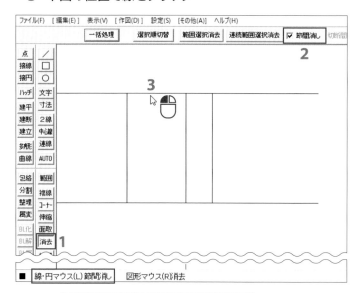

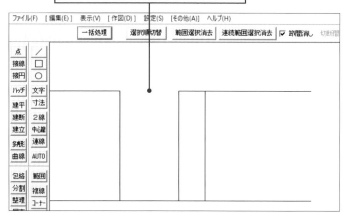

クリック位置両側の点間が部分消しされる

POINT

「節間消し」にチェックを付けると、線をクリックした位置の両側の一番近い点間を部分消しします。クリックした線上に点（交点・接点含む）が存在しない場合は線が丸ごと消去されます。

2 | 線の指定した2点間を部分消しする

1 「消去」コマンドの「節間消し」のチェックを外す

2 部分消しの対象線をクリック

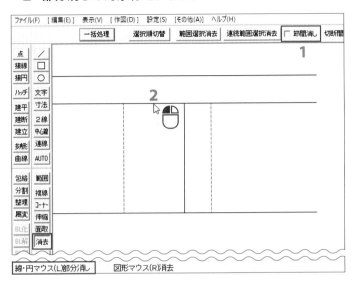

3 部分消しの始点を右クリック

4 部分消しの終点を右クリック

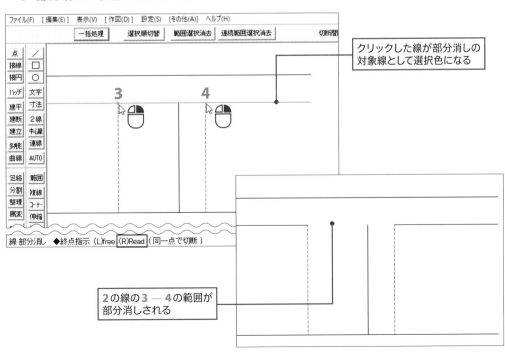

クリックした線が部分消しの
対象線として選択色になる

2の線の**3**—**4**の範囲が
部分消しされる

図形の整形

3 | 線上外の2点を指示して部分消しする

1 「消去」コマンドで、部分消しの対象線として下図の線をクリック

2 部分消しの始点として下図の角を右クリック

3 部分消しの終点として下図の角を右クリック

✏️ **POINT**

部分消しの始点・終点の指示は、必ずしも対象線上の点でなくて構いません。ただし、曲線を部分消しする場合は、曲線上で始点、終点を指示する必要があります。

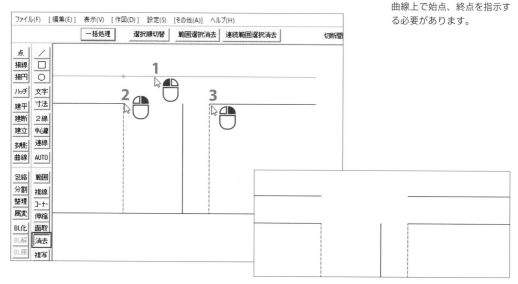

4 部分消しの対象線として斜線をクリック

5 部分消しの始点として下図の角を右クリック

6 部分消しの終点として下図の角を右クリック

✏️ **POINT**

対象線の外で部分消しの始点・終点を指示した場合、始点・終点から対象線に垂線を下した範囲が部分消しされます。

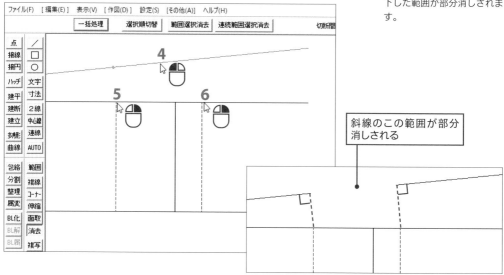

斜線のこの範囲が部分消しされる

4 指定点から指定の振り分け幅で部分消しする

1 「消去」コマンドで、「切断間隔」ボックスに「50」を入力

2 部分消しの対象線をクリック

3 部分消しの始点として交点を右クリック

4 部分消しの終点として同じ交点を右クリック

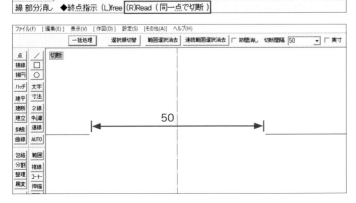

POINT

部分消しの始点、終点指示で同じ点を右クリックすると、その位置で対象線が2つに切断されます。コントロールバーの「切断間隔」ボックスに数値を指定して切断した場合、指示点を中心に指定間隔で切断されます。「切断間隔」は図寸（mm）で指定します。コントロールバーの「実寸」にチェックを付けることで、実寸指定になります。切断対象線の長さが指定した切断間隔以下の場合、終点指示後に対象線が消去されます。

3、4で右クリックした点を中心に図寸50mmの幅が部分消しされる

31 | 円・円弧の一部分を消去

「消去」コマンドで円・円弧をクリックすることで、線の部分消しと同様に円・円弧の部分消しが行えます。

1 | 円周上のクリック個所を節間消しする

1 「消去」コマンドをクリック

2 「節間消し」にチェックを付ける

3 下図の位置で円をクリック

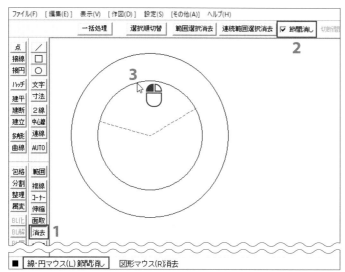

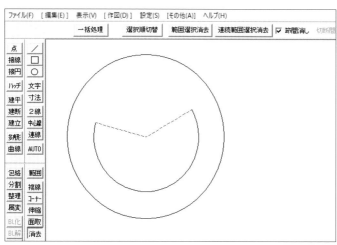

✎ POINT

「節間消し」にチェックを付けると、円・円弧をクリックした位置の両側の一番近い点間を部分消しします。クリックした円・円弧上に点(交点・接点含む)が存在しない場合は円・円弧が丸ごと消去されます。

2 外側の円の同じ範囲を部分消しする

1 「消去」コマンドの「節間消し」のチェックを外す

2 部分消しの対象とする円をクリック

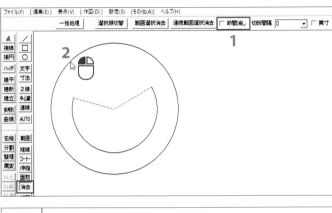

---

3 部分消しの始点として下図の端点を右クリック

4 部分消しの終点として下図の端点を右クリック

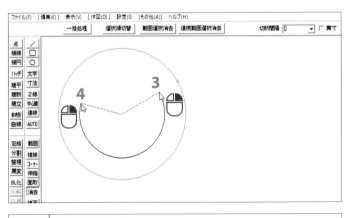

円 部分消し（左回り）　●終点指示（L)free (R)Read（同一点で切断）

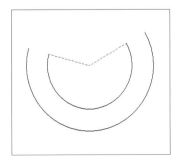

POINT

円・円弧の部分消しの始点、終点は対象円弧上になくても構いません。円・円弧を部分消しする際の始点→終点の指示は必ず左回り（反時計回り）で行ってください。**3**と**4**を逆に指示した場合、下図のように円の下側が部分消しされます。

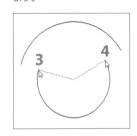

これ、重要！
円・円弧上で2点を指示する際は、左回りが基本と覚えておこう

32 | はみ出した線・円弧を消す

「消去」コマンドでもできますが、「伸縮」コマンドで線・円弧をクリックし、次に縮める位置を指示することでも実現します。

1 | 線を指示点まで縮める

1 「伸縮」コマンドをクリック

2 伸縮対象の線をクリック

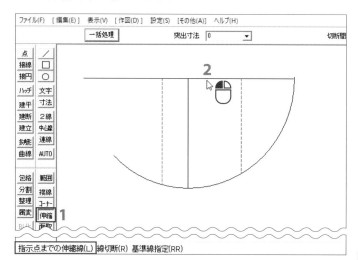

> ✏ POINT
>
> はみ出した部分を「消去」コマンドの「節間消し」でクリックすることでも消せますが、線や円弧のはみ出た部分を消すということはCAD的には、線・円弧の端点を移動して縮めることです。「伸縮」コマンドでの縮める方法も覚えておきましょう。

> ✏ POINT
>
> 伸縮対象をクリックすることで、指定点までの伸縮指示になります。線を縮める場合、次に指示する指定点に対して線を残す側でクリックしてください。

伸縮対象の線をクリックする位置がとても重要だよ！

3 伸縮点を右クリック

クリックした位置に水色の〇が仮表示される

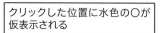

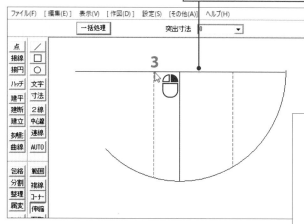

2でクリックした側を残して線が3の点まで縮む

2 円弧を指示点まで縮める

1 「伸縮」コマンドで、伸縮対象の円弧をクリック

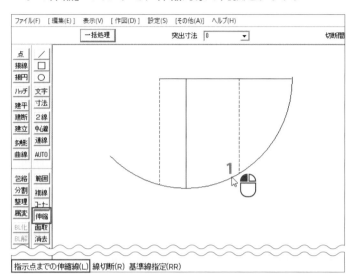

POINT

円弧を縮める場合、次に指示する指定点に対して円弧を残す側でクリックしてください。

円弧の場合も伸縮対象の円弧をクリックする位置がとても重要だよ！

2 伸縮点を右クリック

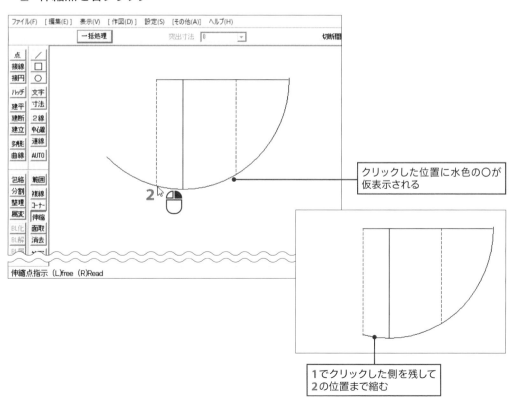

クリックした位置に水色の〇が仮表示される

1でクリックした側を残して
2の位置まで縮む

33 | 線・円弧を延長する

「伸縮」コマンドで線・円弧をクリックし、次に伸ばす位置を指示することで、線・円弧を指示位置まで伸ばします。

1 | 円弧を半円になるように延長する

1 「伸縮」コマンドをクリック

2 伸縮対象の円弧をクリック

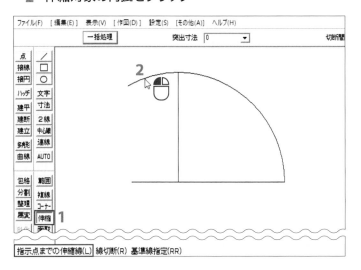

3 伸縮点として線の左端点を右クリック

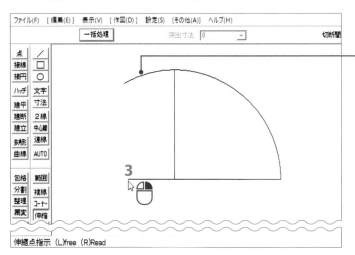

> 2のクリック位置に水色の〇が仮表示される

POINT

線・円弧を延長するのもCAD的には、線・円弧の端点を移動することです。「伸縮」コマンドで、線・円弧を縮める場合と同様の手順で伸ばすことができます。

POINT

円弧を延長する場合、伸縮対象として円弧の半分よりも伸ばす側で円弧をクリックしてください。

円弧の**2**でクリックした側が円中心点と
3の点を結んだ線の延長上まで伸びる

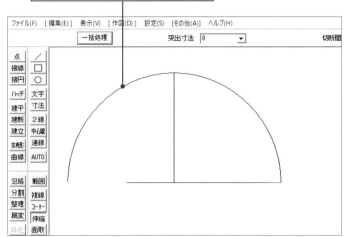

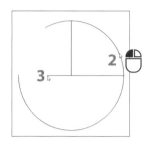

POINT

2で円弧の半分より右をク
リックした場合は、クリック
位置に近い下側の端点が**3**の
位置に移動し、下図のように
延長されます。

円弧を伸ばす時は
円弧のクリック位
置が肝心だよ！

図形の整形

2 | 水平線を円弧端部まで延長する

1 「伸縮」コマンドで伸縮対象線をクリック

2 伸縮点として円弧の端点を右クリック

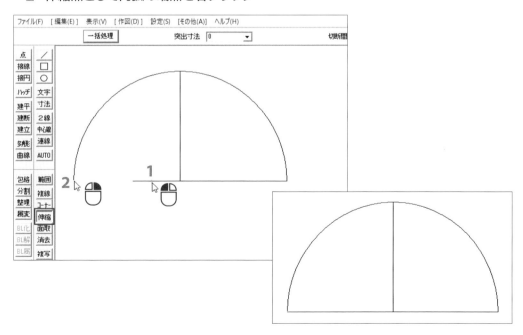

34 | 複数の線・円弧を基準線まで伸縮する

「伸縮」コマンドでは、基準線を右ダブルクリックで指示した後、基準線まで伸縮する線・円弧をクリックすることで基準線までの伸縮を行います。

1 | 基準線まで線や円弧を伸縮する

1 「伸縮」コマンドをクリック

2 伸縮の基準線を右ダブルクリック

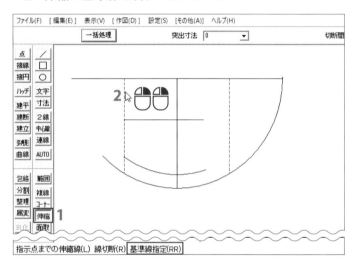

POINT

右ダブルクリック（基準線指定）時、2回目の右クリックの前にマウスが動くと、右クリックによる切断を2回したことになり、切断個所に赤の○が仮表示されます。マウスを動かさずに右ダブルクリックするように注意してください。誤って切断した場合は、「戻る」コマンドをクリックして切断を取り消してください。

3 伸縮対象線をクリック

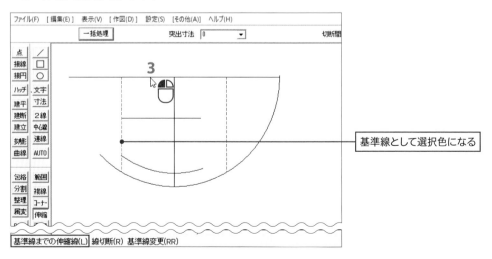

基準線として選択色になる

4 伸縮対象の円弧をクリック

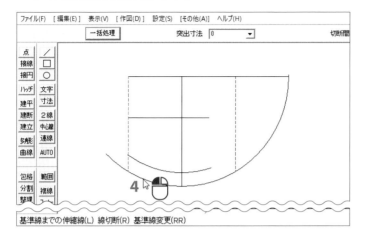

基準線までの伸縮線(L) 線切断(R) 基準線変更(RR)

POINT

基準線に交差した伸縮対象線・円弧は、基準線に対して残す側でクリックします。**3**で基準線の左側でクリックした場合、下図のように左側を残して基準線まで伸縮されます。

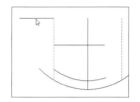

5 次の伸縮基準線を右ダブルクリック

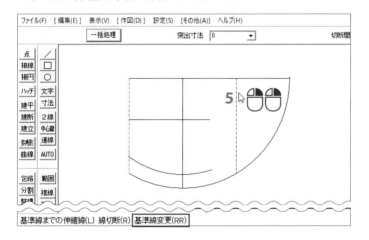

基準線までの伸縮線(L) 線切断(R) 基準線変更(RR)

POINT

別の線を基準線にするには、新しく基準線にする線（または円・円弧）を右ダブルクリックします。

伸縮対象の線・円弧は基準線に対して残す側でクリックすること！

6 伸縮対象線をクリック

7 順次伸縮対象線、円弧をクリック

基準線として選択色になる

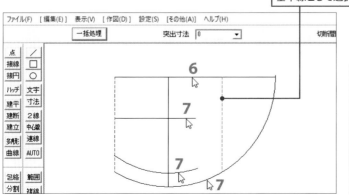

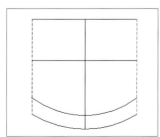

図形の整形

99

2 | 円を基準線として伸縮する

1 「伸縮」コマンドで、伸縮基準線にする円を右ダブルクリック

2 伸縮対象線として上の線を円の内側でクリック

3 その下の伸縮対象線をクリック

円が基準線として選択色になる

円・円弧を基準線にすると追加表示される

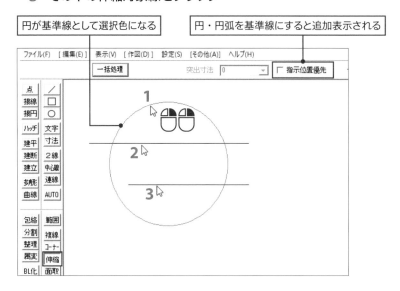

4 コントロールバー「指示位置優先」にチェックを付ける

5 伸縮対象線として上の線を円の内側でクリック

6 その下の伸縮対象線を円の内側でクリック

✏ POINT

基準線が円の場合、伸縮対象線と円の交点は2カ所あり、伸縮対象線は基準線として円を指示した位置に近い交点まで伸縮します。そのため、円まで伸縮するのは線の片端点のみになります。もう一方の端点も円まで伸縮するには、コントロールバーに追加表示される「指示位置優先」にチェックを付けたうえで、伸縮対象線をクリックします。

3 | 複数の線を基準線まで一括して伸縮する

1 「伸縮」コマンドの「一括処理」ボタンをクリック

✏ **POINT**

「一括処理」では複数の直線を基準線（直線に限る）まで一括伸縮できます。

2 一括伸縮の基準線をクリック

3 一括伸縮の始めの線をクリック

4 マウスポインタまで表示される赤点線に一括伸縮対象の線が交差する位置で終わりの線をクリック

✏ **POINT**

3では伸縮対象の始めの線を、基準線に対して残す側でクリックします。**3**の位置からマウスポインタまで赤い点線が仮表示されます。この赤い点線に交差する線が伸縮対象線として選択されます。基準線に対して、対象線の残す側が赤い点線に交差するように、**4**の位置をクリックしてください。

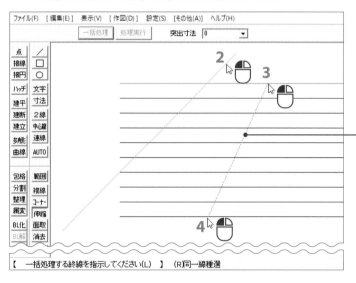

3の位置からマウスポインタまで赤い点線が仮表示される

5 「処理実行」ボタンをクリック

✏ **POINT**

5の指示前に線をクリックすることで、一括伸縮の対象に追加することや、除外することができます。

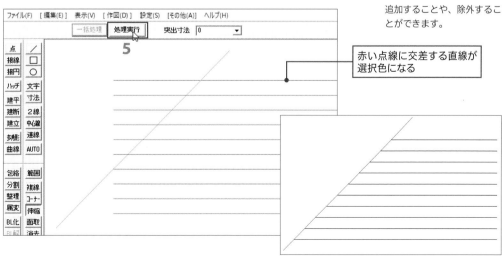

赤い点線に交差する直線が選択色になる

図形の整形

35 ┃ 線・円弧を連結して角を作成する

「コーナー」コマンドでは、線と線または円弧と線、円弧と円弧を連結してその交点に角を作成します。

1 ┃ 水平線と垂直線の角を作成する

1 「コーナー」コマンドをクリック

2 垂直線をクリック

3 水平線をクリック

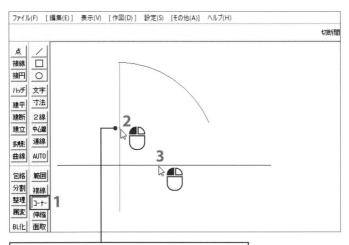

2でクリックした線が選択色になり、クリック位置に水色の○が仮表示される

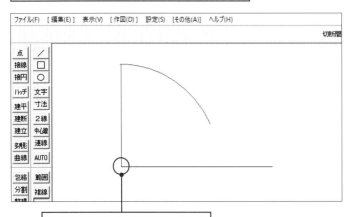

交点に対して、2、3でクリックした側を残すように角が作成される

POINT

交差した2本の線や円弧をクリックする際、それらの交点に対して残す側でクリックします。

「コーナー」コマンドでも交点に対して残す側で線や円弧をクリックすること！

2 | 水平線と円弧の角を作成する

1 「コーナー」コマンドで、水平線をクリック

2 円弧をクリック

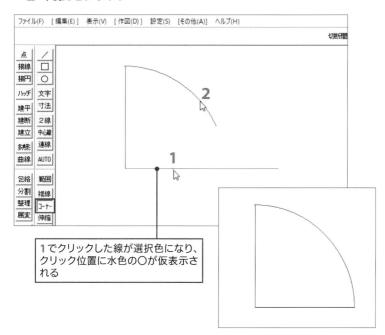

1でクリックした線が選択色になり、クリック位置に水色の○が仮表示される

✏ POINT

2つの線や円弧が交差していない場合もそれらの仮想交点（延長上で交差する位置）よりも線・円弧を残す側でクリックします。また、円弧をクリックする際は、円弧の半分よりも角を作成する側でクリックしてください。**2**で半分よりも左側で円弧をクリックすると、円弧の左側端点が水平線との交点まで伸びて下図のような角が作成されます。

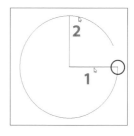

3 | 同一線上の2本の線を連結して1本の線にする

1 「コーナー」コマンドで、1本目の線をクリック

2 同一線上のもう1本の線をクリック

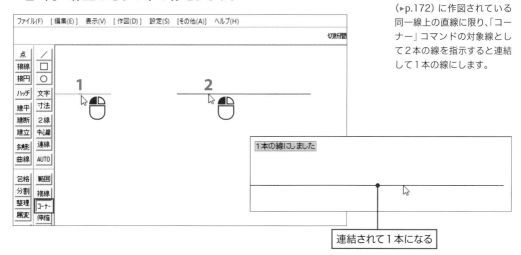

1本の線にしました

連結されて1本になる

✏ POINT

同一線色・線種で同じレイヤ（▶p.172）に作図されている同一線上の直線に限り、「コーナー」コマンドの対象線として2本の線を指示すると連結して1本の線にします。

図形の整形

36 | C面・R面を作成する

「面取」コマンドでは、コントロールバーで面取りの種類とその寸法を指定し、2本の線を指示することで、C面やR面などを作成します。

1 | C15のC面を作図する

1　「面取」コマンドをクリック

2　「角面 (辺寸法)」を選択

3　「寸法」ボックスに「15」を入力

4　水平線をクリック

5　垂直線をクリック

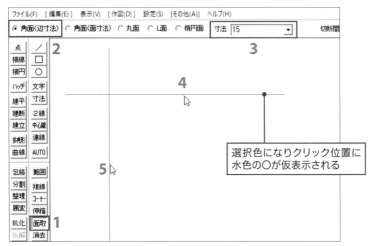

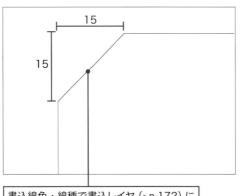

書込線色・線種で書込レイヤ (▶p.172) に作図される

選択色になりクリック位置に水色の〇が仮表示される

POINT

2本の直線をクリックする際、それらの交点に対して残す側でクリックします。

交点に対して残す側で線をクリックするのは「コーナー」コマンドと同じだよ。

POINT

2で「角面 (面寸法)」を選択した場合は下図のように面取りされます。

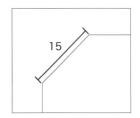

2 R15のR面を作図する

1 「面取」コマンドの「丸面」を選択
2 「寸法」ボックスに「15」を入力
3 垂直線をクリック
4 水平線をクリック

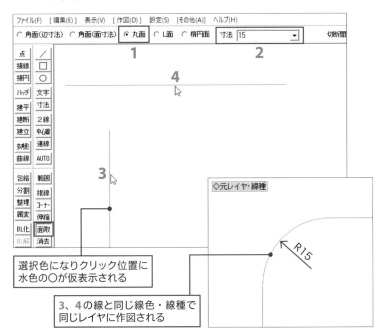

POINT

「丸面」に限り、線と円弧、円弧どうしの丸面を作図できます。線・円弧をクリックする際、それらの交点（仮想交点含む）に対して残す側でクリックします。また、円弧はその半分よりもR面を作成する側でクリックします。

選択色になりクリック位置に水色の〇が仮表示される

3、4の線と同じ線色・線種で同じレイヤに作図される

POINT

通常、面取部分は書込線色・線種で書込レイヤに作図されます。指示した2本の線・円弧の属性（線色・線種・レイヤ（▶p.178）が同じ場合に限り、指示線と同じレイヤに、同じ線色・線種で作図され、作図ウィンドウ左上に◇元レイヤ・線種と表示されます。

AND MORE
凹面のR面取

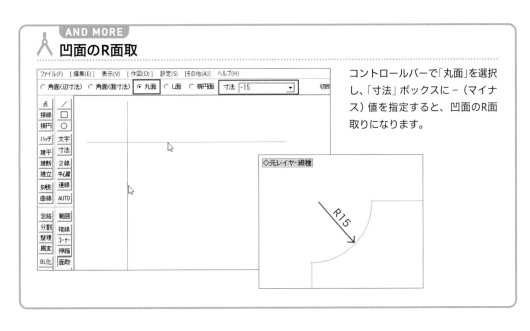

コントロールバーで「丸面」を選択し、「寸法」ボックスに−（マイナス）値を指定すると、凹面のR面取りになります。

図形の整形

37 | 複数の線の伸縮・部分消し・連結等を一括で行う

「包絡」（包絡処理）コマンドでは、包絡範囲枠内の同一属性（線色・線種・レイヤ）の線どうしを対象に、伸縮・部分消し・連結などに相当する処理を一括して行います。

1 | 4本の線を長方形に整える

1 「包絡」コマンドをクリック

2 包絡範囲の始点をクリック

3 包絡範囲枠に4本の直線の端点が入るように囲み、終点をクリック

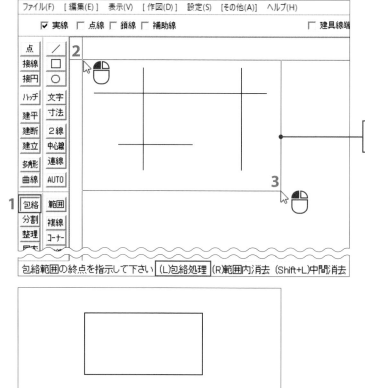

2からマウスポインタまで包絡範囲枠が表示される

POINT

包絡処理の対象は同一レイヤの同一線色・線種の直線どうしです。円・円弧・文字および建具属性（▶p.32）を持つ直線やブロック、寸法図形、曲線は包絡対象になりません。また、「包絡」コマンドのコントロールバーでチェックの付いていない線種も包絡対象になりません。

包絡対象は同一レイヤに作図されている同一線色・線種の直線に限るよ！

包絡範囲枠に入れる範囲によって、包絡処理の結果が以下のように
異なるよ

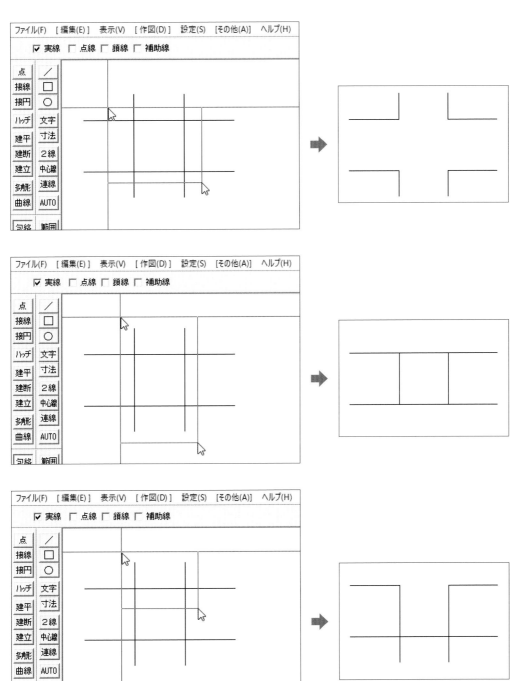

2 | 複数の直線を基準線まで一括伸縮する

1 「包絡」コマンドで包絡範囲の始点をクリック

2 包絡範囲枠に伸縮の基準線（両端点は含めず）と伸縮対象線の片端点が入るように
囲み、終点をクリック

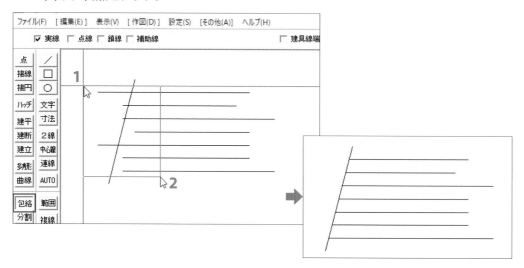

3 | 複数の直線を一括連結する

1 「包絡」コマンドで包絡範囲の始点をクリック

2 包絡範囲枠に連結対象の線の端点側が入るように囲み、
終点をクリック

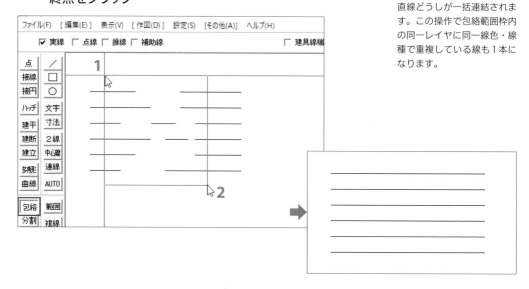

POINT

同一線上に作図されている同一レイヤの同一線色・線種の直線どうしが一括連結されます。この操作で包絡範囲枠内の同一レイヤに同一線色・線種で重複している線も1本になります。

4 | 包絡範囲枠内の線を切り取り消去する

1 「包絡」コマンドで包絡範囲の始点をクリック

2 包絡範囲枠で切り取り消去する範囲を囲み、終点を右クリック

POINT

包絡範囲の終点を右クリックすることで、包絡範囲枠内の包絡対象線を切り取り消去します。左図では包絡の対象線種としてコントロールバーの「鎖線」にチェックを付けていないため、一点鎖線は切り取り消去されずに元のまま残ります。

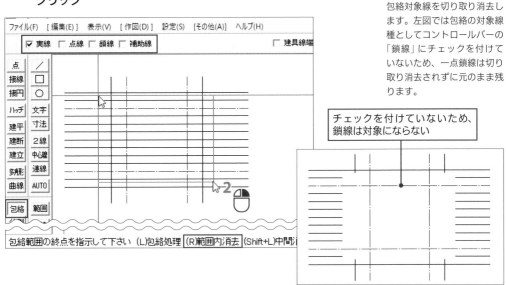

チェックを付けていないため、鎖線は対象にならない

図形の整形

包絡範囲の終点を指示して下さい (L)包絡処理 (R)範囲内消去 (Shift+L)中間消去

5 | 包絡したうえで中間の線を消去する

1 「包絡」コマンドで包絡範囲の始点をクリック

2 包絡範囲枠に垂直線の上下の端点が入るように囲み、[Shift]キーを押しながら終点をクリック

POINT

[Shift]キーを押しながら包絡範囲の終点をクリックすることで、包絡処理したうえ、その中間の線を消去します。開口部を作成する場合などに便利な機能です。

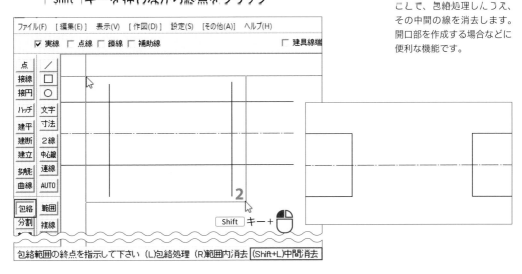

[Shift]キー＋

包絡範囲の終点を指示して下さい (L)包絡処理 (R)範囲内消去 (Shift+L)中間消去

38 | 重複した要素を1つにする

「整理」（データ整理）コマンドは、同一レイヤに重複して作図されている同一線色・線種の線・円・円弧や同一文字種・フォント・色で同一の記入内容の文字列などを整理して1つにします。

1 | データ整理が必要な理由

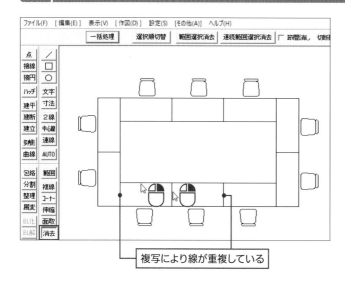

複写により線が重複している

教材データの「38.jww」は、机と椅子を1セット作図して、それを複写することで作成しています。そのため、見た目では1本の線に見える部分が複数の線に分かれていたり、2本以上の線が重複していたりします。

そのような線を「消去」コマンドで右クリックすると、線の一部だけしか消えないことや、1本の線が消えても重複する線が残っているため、線が消えないと勘違いすることもあり得ます。

一見1本に見える線は3本に分かれているため、右クリックした線だけ消える

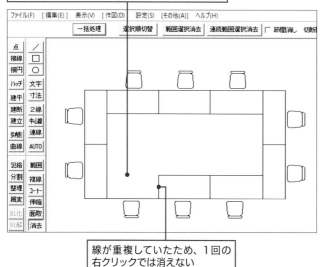

線が重複していたため、1回の右クリックでは消えない

そのようなトラブルを避けるため、同一レイヤに同一線色・線種で重複して作図された線・円・円弧・実点・文字列などを1本にする「データ整理」を行うことをお勧めします。

2 重複した線や切断した線を1本にする

1 「範囲」コマンドをクリック

2 データ整理の対象を範囲選択 (▶p.30) する

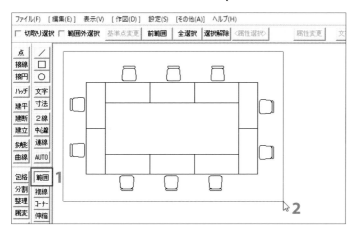

POINT

「データ整理」では同じレイヤに重複して記入された同一文字種 (サイズ)・フォント・色で、同一の記入内容の文字列も1つにします。データ整理の対象に文字も含める場合は**2**の範囲選択で終点を右クリック (文字を含む) します。また、図面全体をデータ整理する場合は、**2**の操作の代わりにコントロールバー「全選択」ボタンをクリックすることで、図面全体を対象として選択できます。

3 「整理」コマンドをクリック

4 「連結整理」ボタンをクリック

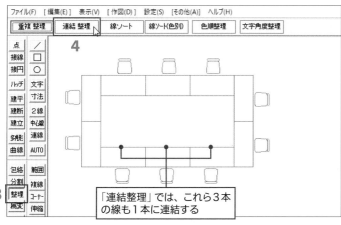

「連結整理」では、これら3本の線も1本に連結する

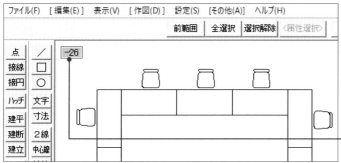

データ整理が行われ、作図ウィンドウ左上に−(マイナス数値)で整理された数が表示される

POINT

4で「重複整理」ボタンをクリックすると、同じレイヤに重複して作図された同一線色・線種の線・円・円弧・実点、同じレイヤに重複して記入された同一文字種 (サイズ)・フォント・色で、同一の記入内容の文字列および同じレイヤに重複して作図された同一内容の寸法図形 (▶p.162) とソリッド (▶p.28) も1つにします。同一内容でもブロック (▶p.218) は1つにしません。「連結整理」をクリックした場合は、「重複整理」の機能に加え、同じレイヤに作図されている同一線色・線種の線で、外見上は1本の線に見えても途中切断されている線や、同一点で連続して作図された同一線上の線どうしを1本に連結します。円弧は連結しません。

図形の整形

111

4章の復習のための作図課題

Rev4.jww を開いて、下図のように加工しよう。操作手順は各自に任せるよ。迷った時は赤枠のヒントとそのページを見てね。

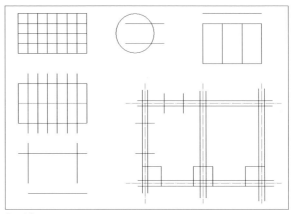

Rev4.jww

| 「消去」節間消し ▶p.88 | 「伸縮」▶p.100
「消去」節間消し ▶p.88 | 「消去」部分消し ▶p.90 |

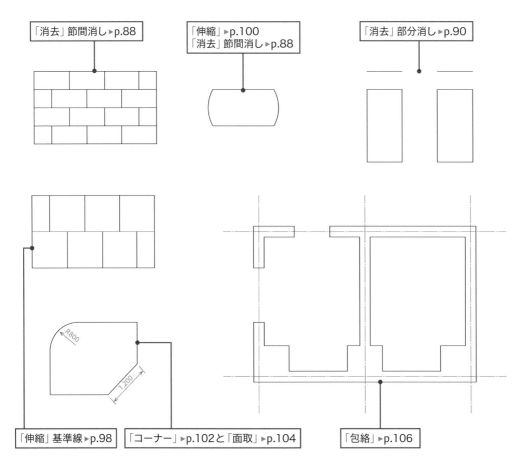

「伸縮」基準線 ▶p.98　　「コーナー」▶p.102と「面取」▶p.104　　「包絡」▶p.106

※上図の寸法入りの完成図をRev4完成図.jwwとして「04」フォルダーに収録しています。必要に応じて印刷してご利用ください。

CHAPTER 5

点の作図と
クロックメニューによる
点指示

右クリックで読取できるように
点を作図する機能や
事前に点を作図せずに
円の中心点などを読み取る機能を
攻略しよう!

39 | 「点」コマンドで点を作図

右クリックでの読取点がない位置を点指示するための1つの方法として、事前に「点」コマンドでその位置に点を作図しておきます。

1 | 円の中心に実点を作図する

1 「点」コマンドをクリック

2 メニューバー [設定] ―「中心点取得」をクリック

3 円をクリック

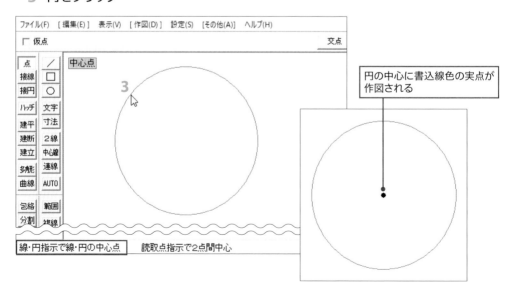

円の中心に書込線色の実点が作図される

POINT

点指示時に、「中心点取得」コマンドを選択することで、読取点のない線の中点、円の中心点や2点間の中心点を点指示できます。**2**の操作で、作図ウィンドウ左上に中心点と表示され、操作メッセージは「線・円指示で線・円の中心点　読取点指示で2点間中心」になります。この状態で円をクリックすることで、点の作図位置として、クリックした円の中心点を指示したことになります。「中心点取得」は、「点」コマンドに限らず、どのコマンドの点指示時にも共通して利用できます。

2 仮想交点に実点を作図する

1 「点」コマンドの「交点」ボタンをクリック

POINT

「交点」ボタンをクリックすると、2本の線・円の（仮想）交点に点を作図できます。「仮点」にチェックを付けると書込線色の仮点を作図します。

2 1つ目の円弧をクリック

3 2つ目の線をクリック

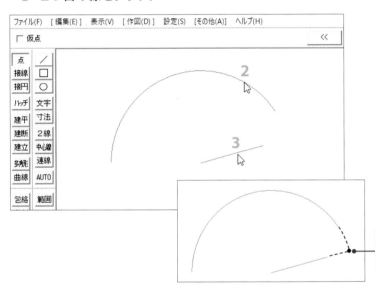

POINT

左図の円弧と線の仮想交点は2つあります。作図したい交点側に近い位置で円弧をクリックしてください。

円・円弧はクリック位置に注意が必要だよ。

円弧をクリックした位置に近い方の仮想交点に書込線色の実点が作図される

実点と仮点の違い

●実点

印刷される点（補助線色の実点は印刷されない）で、寸法端部の点としても使われます。線要素などと同様に移動、複写、色変更など編集の対象になり、「消去」コマンドの右クリックで消去できます。

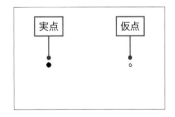

●仮点

印刷されない点で、移動、複写、色変更など編集対象にならず、縮尺変更時もその位置は変更されません。「消去」コマンドの右クリックで消すことはできません。仮点の消去方法▶p.118

点指示・点作図

40 点間や線上・円周上を等分する点を作図

「分割」コマンドでは、2つの線・円・点間を分割する線・円・点を作図します。分割の対象として、2つの点を指定した場合に書込線色の分割点（実点・仮点）を作図します。

1　2点間を7等分する仮点を作図する

1　「分割」コマンドをクリック

2　「仮点」にチェックを付ける。

3　「分割数」ボックスに「7」を入力

4　分割の始点を右クリック

5　分割の終点を右クリック

6　何もない位置で右クリック（2点間分割）

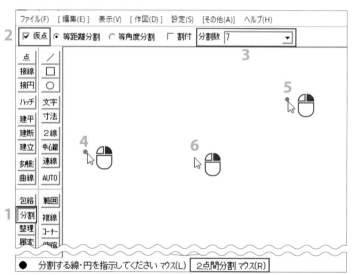

7分割した1区分の距離を表示

POINT

「仮点」にチェックを付けると書込線色の仮点（▶p.115）を作図します。チェックを付けない場合は書込線色の実点を作図します。

POINT

6で線・円周上を分割（クリック）するのか、指示した2点間の距離を分割（右クリック）するのかを指示します。

線・円上を分割するのか、2点間を結んだ距離を分割するのかは、分割の始点と終点を指示した後の指示で、決まるよ。

2 | 楕円周上の2点間を7等分する仮点を作図する

1 「分割」コマンドの「仮点」にチェックを付ける

2 「等距離分割」を選択

3 「分割数」ボックスに「7」を入力

4 分割の始点を右クリック

5 分割の終点を右クリック

6 分割対象の円弧をクリック

POINT

楕円の円周上を等距離で分割する点を作図するため、「等距離分割」を選択します。

POINT

楕円の円周上を等距離分割するため、**6** で楕円をクリックします。

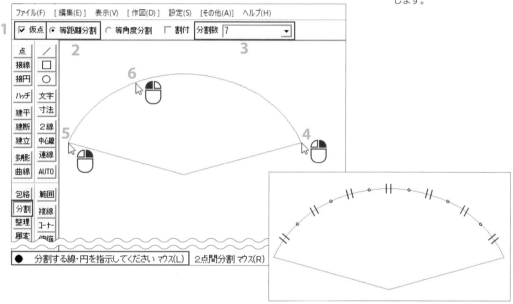

点指示・点作図

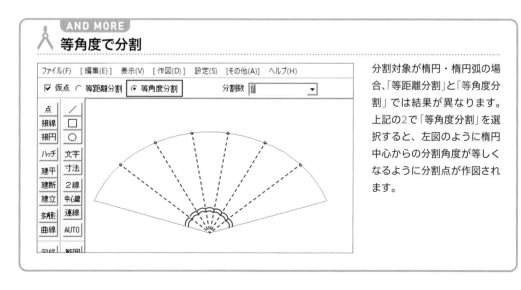

AND MORE

等角度で分割

分割対象が楕円・楕円弧の場合、「等距離分割」と「等角度分割」では結果が異なります。上記の**2**で「等角度分割」を選択すると、左図のように楕円中心からの分割角度が等しくなるように分割点が作図されます。

3 | 円を7等分する実点を作図する

1 「分割」コマンドの「仮点」のチェックを外し、「等距離分割」を選択

2 「分割数」ボックスに「7」を入力

3 分割の始点を右クリック

4 分割対象の円を右クリック

POINT

円全体を等分割する点を作図する場合は、分割の始点を右クリックした後、分割対象の円を右クリックすします。

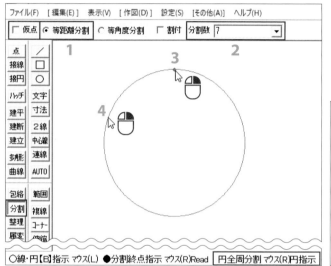

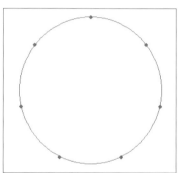

AND MORE

仮点の消去

1 「点」コマンドをクリック

2 「仮点消去」ボタンをクリック

3 消去対象の仮点をクリック

仮点は編集対象にならないため、実点のように「消去」コマンドで右クリックして消すことはできません。仮点の消去は「点」コマンドで行います。

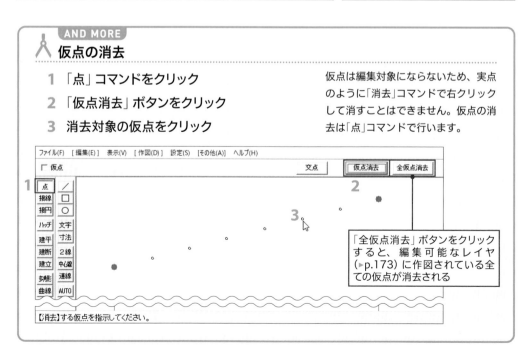

「全仮点消去」ボタンをクリックすると、編集可能なレイヤ（▶p.173）に作図されている全ての仮点が消去される

4 | 線上の2点間を90mm以下で等分割する実点を作図する

1 「分割」コマンドの「等距離分割」を選択

2 「割付」にチェックを付ける

3 「距離」ボックスに「90」を入力

4 「割付距離以下」にチェックを付ける

5 分割の始点として左端点を右クリック

6 分割の終点として右端点を右クリック

7 分割対象の線をクリック

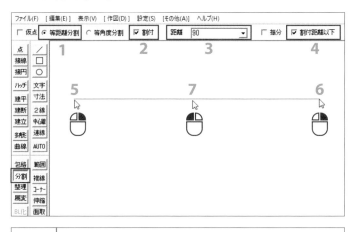

● 分割する線・円を指示してください マウス(L) 2点間分割 マウス(R)

（分割数）の後ろに1区分あたりの
距離を表示

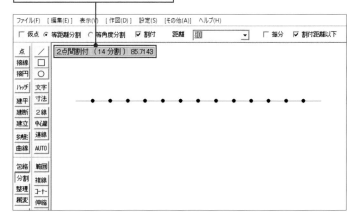

POINT

「等距離分割」選択時に限り、「割付」が表示されます。「割付」にチェックを付けることで、「分割数」ボックスが「距離」ボックスに代わり、指定距離での分割が行えます。また、「割付」にチェックを付けることで、コントロールバーに「振分」「割付距離以下」が追加表示されます。

POINT

「割付距離以下」にチェックを付けると、1区分が「距離」ボックスで指定の距離以下になるように等分割する点を作図します。

TIPS

「割付距離以下」のチェックを付けない場合は、始点から「距離」ボックスに指定の距離で分割点を作図し、最後が余りになります。また、「振分」にチェックを付けると、2点の中心から指定距離ごとに分割点を作図します（両端の余りは等距離になる）。

点指示・点作図

41 | 既存点からの距離や相対座標を指定して点を作図

既存点から指定距離の位置に点を作図するには「距離」コマンドを利用します。既存点からの相対座標(横方向の距離Xと縦方向の距離Y)で指定するには「オフセット」を利用します。

1 | 指定点から円周上90mmの位置に実点を作図する

1 「距離」コマンドをクリック

2 「距離」ボックスに「90」を入力

3 始点として円弧の端点を右クリック

4 点を作図する円弧をクリック

✏️ **POINT**

「仮点」にチェックを付けると書込線色の仮点 (▶p.115) を作図します。チェックを付けない場合は書込線色の実点を作図します。

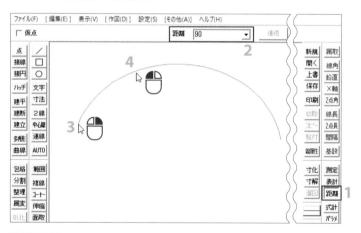

線上・円周距離は線・円指示 マウス(L) 　、　距離の方向は読取点指示 マウス(R)

✏️ **POINT**

4では点を作図する線・円をクリックするか、あるいは、距離測定方向を示す点を右クリックします。

3の点から円周上の距離90mmの位置に書込線色の実点が作図される

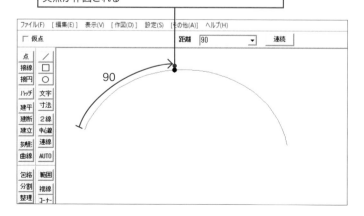

🔺 **TIPS**

「連続」ボタンをクリックすると、更に同方向に「距離」ボックスの距離の位置に点が作図されます。

2　既存点から右に50mm、下に30mmの位置に実点を作図する

1 「点」コマンドをクリック

2 メニューバー［設定］-「軸角・目盛・オフセット」をクリック

3 「軸角・目盛・オフセット」ダイアログの「オフセット1回指定」をクリック

📝 **POINT**

ここでは次の点指示時の1回だけ「オフセット」を利用するため、「オフセット1回指定」をクリックします。「オフセット常駐」をクリックした場合、再度「軸角・目盛・オフセット　設定」ダイアログを開いて「オフセット常駐」のチェックを外すまで、点指示時には常に「オフセット」ダイアログが開きます。

4 点の作図位置として下図の角を右クリック

5 「オフセット」ダイアログの「数値入力」ボックスに「50,-30」を入力

6 「OK」ボタンをクリック

📝 **POINT**

「数値入力」ボックスに、**4**の点を原点としたX,Y座標を「,」（カンマ）で区切って入力することで、その位置を指定できます。X,Y座標は、原点から右と上は＋（プラス）、左と下は－（マイナス）数値で指定します。ここでは、右に50mmなのでXは「50」、下に30mmなのでYは「-30」を入力します。

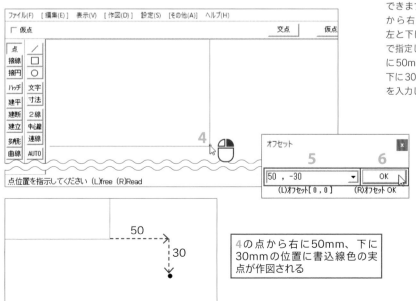

4の点から右に50mm、下に30mmの位置に書込線色の実点が作図される

点指示・点作図

121

42 | 円や線、2点間の中心点を点指示

クロックメニューを利用することで、1度のドラッグ操作で円の中心点や線の中点を指示することができます。

1 | クロックメニューとは

　作図ウィンドウでマウスの右（または左）ボタンを押したままマウスを移動すると表示される時計の文字盤を模した「クロックメニュー」というJw_cad独自のコマンド選択方法があります。Jw_cadのマウス操作に熟練すると、かなり効率よく使える機能ですが、マウス操作に慣れない初心者には、誤操作するデメリットの方が大きいため、入門者向けのこの本では基本設定で「クロックメニューを使用しない」設定（▶p.18）にしています。その設定状態でも作図ウィンドウでマウスの右ボタンドラッグをすると、ドラッグの方向によって、下図の4つのクロックメニューが表示されます。

POINT

p.114では、円の中心点を指示するために、**1**メニューバー［設定］-「中心点取得」をクリック、**2**円をクリックという2つの操作を行いましたが、クロックメニューを使えば、**1**円を右ドラッグ3時 中心点・A点 の1動作で円中心点を点指示できます。前ページの「オフセット」も**2**、**3**の操作を省いて**4**で既存点を右ドラッグ6時 オフセット で相対座標を入力するための「オフセット」ダイアログが開きます。

クロックメニューを利用すると、本来2動作を要することが1動作でできたりするよ

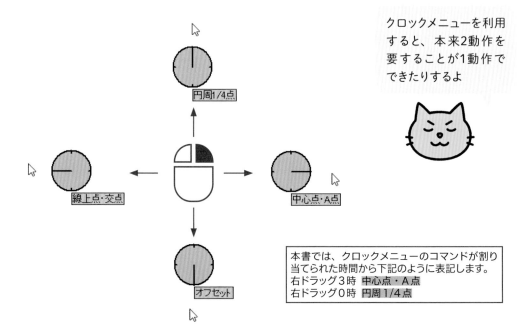

本書では、クロックメニューのコマンドが割り当てられた時間から下記のように表記します。
右ドラッグ3時 中心点・A点
右ドラッグ0時 円周1/4点

2 円の中心点に実点を作図する

1 「点」コマンドをクリック

2 円にマウスポインタを合わせ、右方向に右ドラッグ

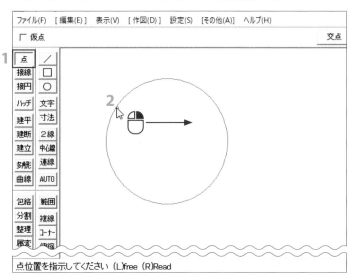

点位置を指示してください (L)free (R)Read

3 クロックメニュー3時中心点・A点が表示されたら、マウスのボタンをはなす。

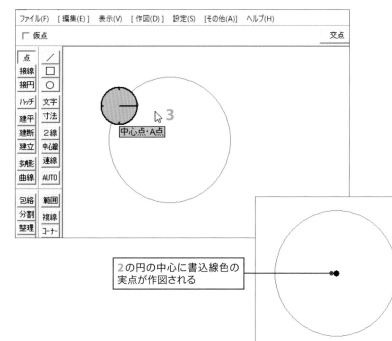

2の円の中心に書込線色の実点が作図される

POINT

2、3は右ボタンを押したままマウスポインタを右方向に移動し、3時中心点・A点が表示されたらマウスボタンをはなします。

POINT

「点」コマンドに限らず、他のコマンドでも点指示時に円を右ドラッグ3時中心点・A点することで円の中心点を指示できます。

POINT

クロックメニューが表示されるまでの距離が長いと感じる場合は、「基本設定」の「一般(1)」タブ（▶p.18）の「中心点読取等に移行する右ボタンドラッグ量」ボックスの数値を現在より小さい数値（最小20）に、ドラッグしたつもりはないのにクロックメニューが頻繁に表示される場合は、この数値を現在の設定値よりも大きい数値（最大200）に変更することで調整します。

点指示・点作図

123

3 | 線の中点を終点とする線を作図する

1 書込線を「線色6・一点鎖2」にする（▶p.42）

2 「／」コマンドをクリックし、「水平・垂直」のチェックを外す

3 始点として左下角を右クリック

4 終点として右辺を右ドラッグ3時中心点・A点

POINT

「／」コマンドに限らず、他のコマンドでも点指示時に線を右ドラッグ3時中心点・A点することで線の中点を指示できます。

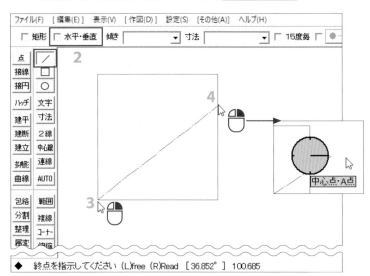

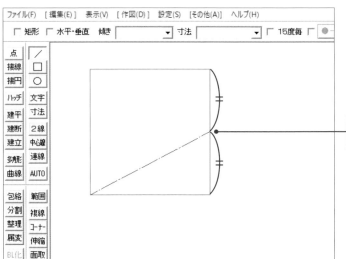

線の中点が終点に確定し、線が作図される

4 | 2点の中心に実点を作図する

1 「点」コマンドをクリック

2 左上角を右ドラッグ3時**中心点・A点**

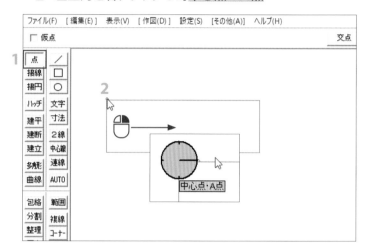

POINT

「点」コマンドに限らず、他のコマンドでも点指示時に点を右ドラッグ3時**中心点・A点**すると、もう一方の点を指示する状態になり、もう一方の点を右クリックすることで、2点間の中心を点指示できます。

3 右下角を右クリック

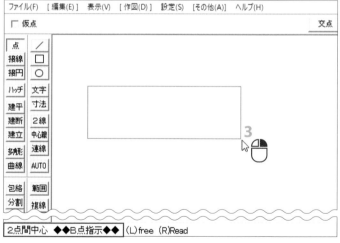

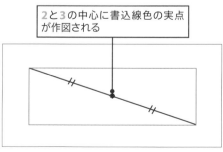

2と**3**の中心に書込線色の実点が作図される

点指示・点作図

43 | 仮想交点や線上の任意位置を点指示

右クリックで読取りできる点が存在しない線上・円周上や交差していない2つの線・円弧の端点を延長したときにできる交点（仮想交点）の点指示はクロックメニューで行えます。

1 | 円弧と線の仮想交点に半径10mmの円を作図する

1 「○」コマンドをクリック

2 「半径」ボックスに「10」を入力

3 円位置として円弧を左方向に右ドラッグし、9時<mark>線上点・交点</mark>が表示されたらマウスのボタンをはなす。

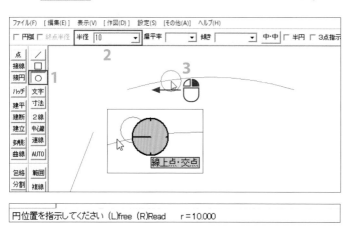

円位置を指示してください (L)free (R)Read　　r＝10.000

✐ **POINT**

「○」コマンドに限らず、他のコマンドでも点指示時に、線・円を右ドラッグ9時<mark>線上点・交点</mark>し、次にもう一方の線・円をクリックすることで、それらの仮想交点を点指示できます。

📐 **TIPS**

3の操作の代わりに、メニューバーの［設定］-「線上点・交点」を選択し、**3**の円弧をクリックすることでも同じ結果になります。

4 もう一方の線をクリック

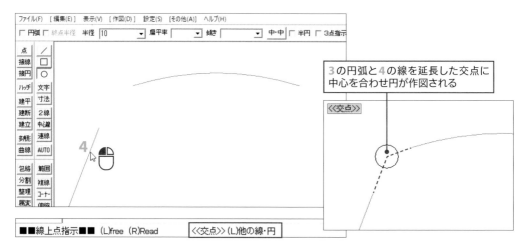

3の円弧と4の線を延長した交点に中心を合わせ円が作図される

■■線上点指示■■ (L)free (R)Read　　《《交点》》(L)他の線・円

2 　線上に中心を合わせ半径10mmの円を作図する

1 「○」コマンドの「半径」ボックスに「10」を入力

2 円位置として線を右ドラッグ9時**線上点・交点**

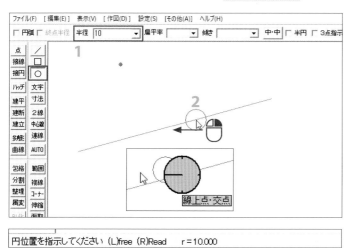

点指示・点作図

POINT

右クリックで読取りできる点がない線上や円周上を点指示するには、線・円を右ドラッグ9時**線上点・交点**します。この操作で指示点は線上あるいは円周上に確定するので、次にその位置を指示します。ここでは、実点を右クリックで指示しましたが、線上・円周上の位置をおおよその目分量で指示する場合は、**3**でその位置をクリックします。

3 線上の位置として、実点を右クリック

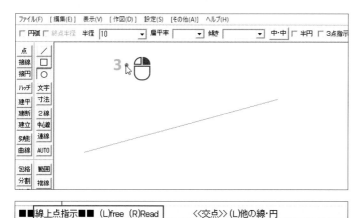

POINT

この例のように**2**で指示した線上・円周上以外の位置で**3**の線上点指示をした場合、**3**の点から**2**の線・円に垂線を下した位置が点指示されます。

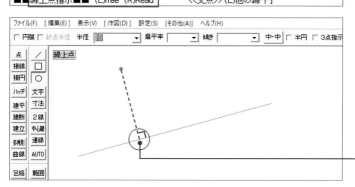

3の点から**2**の線に垂直線を下した位置に中心を合わせ円が作図される

44 円周上の1/4点を点指示

右クリックで読取りできる点が存在しない円周上の1/4位置（円の中心からみて0°、90°、180°、270°方向の円周上の位置）の点指示はクロックメニューで行えます。

1 円周上180°の位置に右中を合わせ半径10mmの円を作図する

1 「○」コマンドをクリック

2 「半径」ボックスに「10」を入力

3 円の基準点を「右・中」にする

4 円位置として円の左側を上方向に右ドラッグし、0時 円周1/4点 が表示されたらマウスのボタンをはなす。

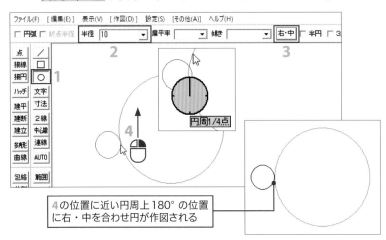

4の位置に近い円周上180°の位置に右・中を合わせ円が作図される

POINT

「○」コマンドに限らず、他のコマンドでも点指示時に、円を右ドラッグ0時円周1/4点することで、右ドラッグ位置に近い円周上の1/4位置（円中心から見た0°、90°、180°、270°）を点指示できます。

TIPS

4の操作の代わりに、メニューバーの［設定］-「円周1/4点取得」を選択し、4の位置で円をクリックすることでも同じ結果になります。

AND MORE
円周1/8点を点指示

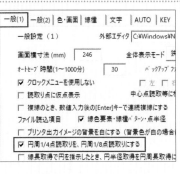

基本設定の「一般（1）」タブ（▶p.18）の「円周1/4点読取りを、円周1/8点読取りにする」にチェックを付けることで、4で表示されるクロックメニューが円周1/8点になり、1/8位置（1/4位置に加え、45°/135°/225°/315°の位置）を点指示できます。

2 | 斜線から鉛直な線を作図する

1 「／」コマンドをクリックし、「水平・垂直」のチェックを外す

2 始点として、斜線を上方向に右ドラッグし、0時鉛直・円周点が表示されたらマウスボタンをはなす

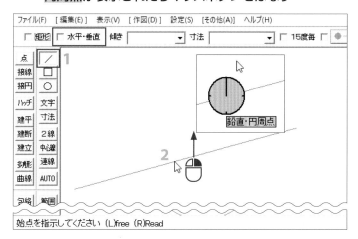

> ✏️ **POINT**
>
> 点指示時の上方向の右ドラッグで表示されるクロックメニュー0時は、選択コマンドと操作時の状況で円周1/4点以外の機能が割り当てられることがあります。「／」コマンドで角度を指定していない線の始点指示に、既存線や円を上方向に右ドラッグすると0時鉛直・円周点が表示され、マウスボタンをはなすと右ドラッグした線・円から鉛直な線が仮表示されます。

3 終点をクリック

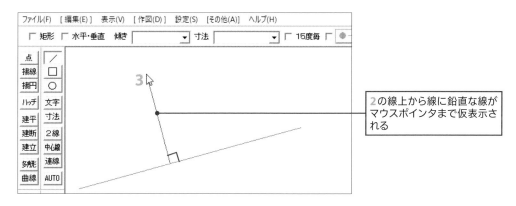

2の線上から線に鉛直な線がマウスポインタまで仮表示される

🏃 AND MORE
円周上から鉛直な線

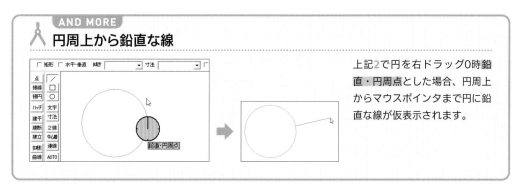

上記**2**で円を右ドラッグ0時鉛直・円周点とした場合、円周上からマウスポインタまで円に鉛直な線が仮表示されます。

点指示・点作図

45 | 目盛の表示設定

Jw_cadにグリッド機能はありませんが、「目盛」を設定することで、右クリックで読取りできて印刷されない目盛点を指定間隔で作図ウィンドウに表示します。

1 実寸910mmm間隔の目盛とその1/2目盛を表示する

1 ステータスバー「軸角」ボタンをクリック

2 「実寸」にチェックを付ける

3 「目盛間隔」ボックスに「910」を入力

4 「1/2」をクリック

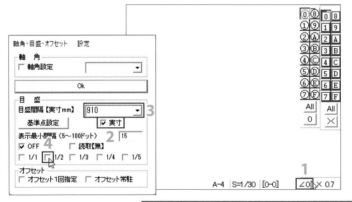

「実寸」にチェックを付けない場合は、目盛間隔は図寸（mm）で指定します。「目盛間隔」ボックスには「横方向, 縦方向」を入力します。3のように数値を1つだけ入力した場合は、縦横が同間隔の目盛になります。

✎ POINT

目盛の設定間隔と画面拡大倍率によっては目盛が表示されません。その場合は、画面を拡大表示するか「軸角」ボタン右の「画面倍率」ボタンをクリックして開く「画面倍率・文字設定」ダイアログの「目盛表示最小倍率」ボタンをクリックして、表示倍率を変更します。

910mm間隔の黒い目盛点とその間を2等分する水色（線色1）の1/2目盛点が表示される

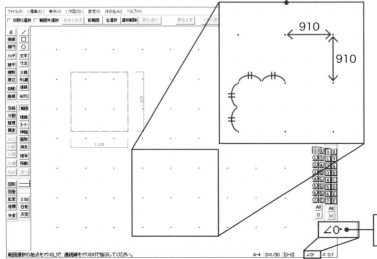

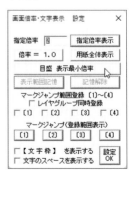

後ろの「・」は目盛表示がオンであることを示す

2 | 目盛を図面上の端点に合わせて表示する

1 メニューバーの [設定] -「目盛基準点」をクリック

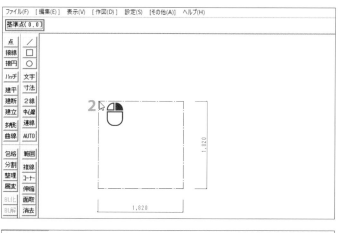

POINT

「目盛基準点」は、基準点とした指示点に目盛点が合うように、目盛を表示します。

2 目盛を合わせる図面上の点を右クリック

3 | 目盛を非表示にする

1 ステータスバーの「軸角」ボタンをクリック

2 「OFF」をクリック

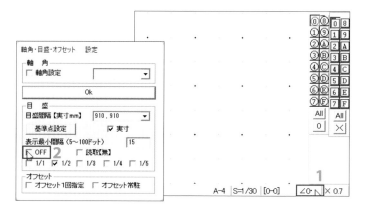

POINT

「OFF」をクリックして目盛を非表示にした後も再度「軸角・目盛・オフセット設定」ダイアログを開き、「1/1」「1/2」「1/3」「1/4」「1/5」のいずれかをクリックすることで、再び同じ間隔で目盛を表示できます。また、実寸での目盛表示設定は、縮尺変更とは連動しないため、縮尺を変更（▶p.216）した場合、目盛間隔も再度設定する必要があります。

5章の復習のための作図課題

Rev5.jwwを開いて、下図のように
加筆しよう。操作手順は各自に任
せるよ。迷った時は赤枠のヒントと
そのページを見てね。

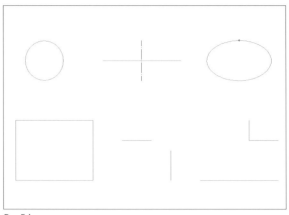

Rev5.jww

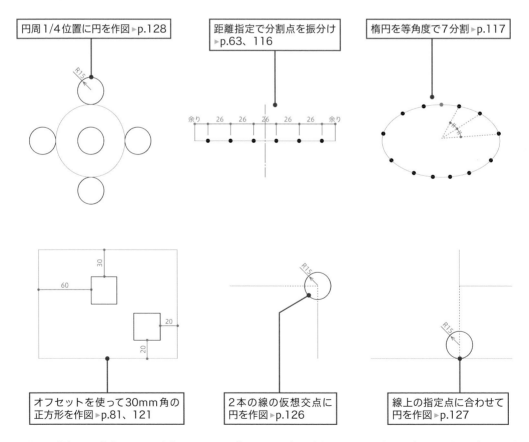

※上図の寸法入りの完成図をRev5完成図.jwwとして「05」フォルダーに収録しています。必要に応じて印刷してご利用ください。

132

CHAPTER 6

文字と寸法の記入

線や円とはちょっと扱いが違う、文字と
寸法の記入方法や書き換え、移動など
の方法を攻略しよう！

46 | 文字の記入

文字は「文字」コマンドで、大きさやフォント、記入角度、記入位置を指定して記入します。
文字の大きさは、線などの長さとは異なり、印刷する大きさ（図寸）で指定します。

1 | 5mm角の文字で「平面図」と記入する

1 「文字」コマンドをクリック

2 「書込文字種」ボタンをクリック

3 「文字種5」をクリック

POINT

文字は「書込文字種」ボタン
に表示されている文字種、サ
イズ、文字色で記入されます。
「書込文字種」ボタンをクリッ
クすると、「書込み文字種変
更」ダイアログが開き、書込
文字種やフォントを変更でき
ます。

4 「文字入力」ボックスに「平面図」を入力

5 記入位置として、左下の補助線交点を右クリック

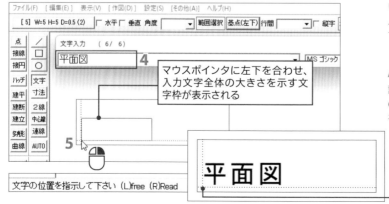

マウスポインタに左下を合わせ、
入力文字全体の大きさを示す文
字枠が表示される

書込文字種5で5の位
置を文字列の左下に合
わせて記入される

POINT

文字枠に対するマウスポイン
タの位置を「基点」と呼びま
す。初期値の基点は左下です
（基点の変更▶p.136）。ここ
では、長方形の下辺と左辺か
ら2mm（図寸換算1mm）の
位置にあらかじめ作図してお
いた補助線の交点を文字の記
入位置として右クリックしま
す。

POINT

記入された1行の文字が編集
の最小単位になります。これ
を「文字列」と呼びます。

文字の大きさの決め方

文字は記入時の「書込文字種」で記入されます。「書込文字種」は「書込み文字種変更」ダイアログで指定します（＞前ページ）。

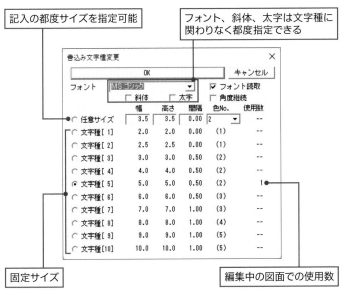

記入の都度サイズを指定可能

フォント、斜体、太字は文字種に関わりなく都度指定できる

固定サイズ

編集中の図面での使用数

文字種1～10のサイズは「基本設定」の「文字」タブで指定変更できます。この指定は図面ファイルに保存されます。

記入済みの文字のサイズも変更する場合にチェックを付ける

POINT

文字の種類には、文字サイズが固定された「文字種［1］」～「文字種［10］」と、サイズを指定して記入できる「任意サイズ」があります。文字のサイズを決める「幅」「高さ」「間隔」は、図面の縮尺に関わらず実際に印刷される幅・高さ・間隔（図寸：mm）で指定します。

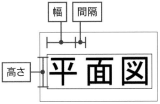

色Noは線色番号で指定します。色Noは画面表示色とカラー印刷時の色の区別であり、文字の太さとは関係ありません。文字の太さは「フォント」によります。

文字と寸法

2 | 円の中心に30mm角の文字「X1」を記入する

1 「文字」コマンドの「書込文字種」ボタンをクリック
2 「任意サイズ」をクリック
3 「幅」「高さ」ボックスに「30」、「間隔」ボックスに「1」を入力
4 「OK」ボタンをクリック
5 「基点」ボタンをクリック
6 「文字基点」として「中中」をクリック

POINT

文字種1〜10にないサイズの文字は「任意サイズ」をクリックし、その大きさを「幅」「高さ」「間隔」ボックスに図寸（mm）で指定します。

POINT

円の中心に文字列中心を合わせて記入するため、「基点」を「中中」にします。文字の基点は下図の9か所を指定できます。

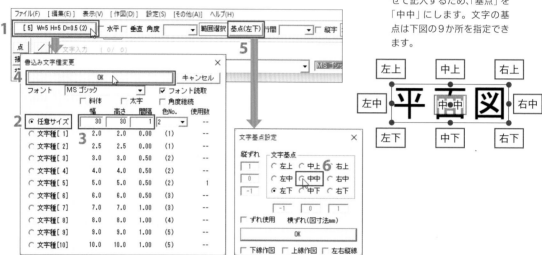

7 「文字入力」ボックスに「X1」を入力
8 文字の記入位置として円を右ドラッグ3時中心点・A点

POINT

円の中心には右クリックで読取りできる点がないため、クロックメニューの3時中心点・A点（▶p.123）を利用して円中心を点指示します。

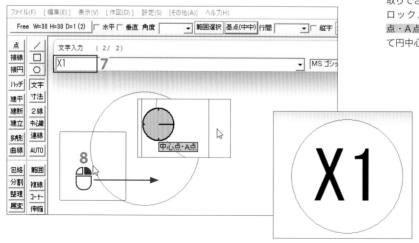

3 枠の右下角から左と上に図寸1mmの位置に末尾を合わせ、文字種10で「平面図」を記入する

1 「文字」コマンドの「書込文字種」を文字種10にする（▶p.134）

2 「文字入力」ボックスに「平面図」を入力

3 「基点」ボタンをクリック

4 「ずれ使用」にチェックを付ける

5 「右下」をクリック

📖 **TIPS**

編集中の図面ファイルに記入済の文字は、「文字入力」ボックスの▼をクリックして表示される履歴リストから選択入力できます。

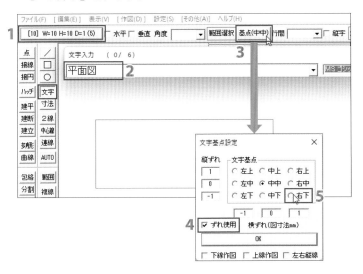

✏️ **POINT**

「ずれ使用」にチェックを付けると、基点から「縦ずれ」「横ずれ」ボックスで指定の数値分離れた位置がマウスポインタの位置になります。左図の指定では、それぞれ上下左右に図寸1mmはなれた位置がマウスポインタの位置になります。

> 「ずれ使用」を使えば、p.134のように事前に補助線を作図しておく手間が省けるよ

6 記入位置として右下角を右クリック

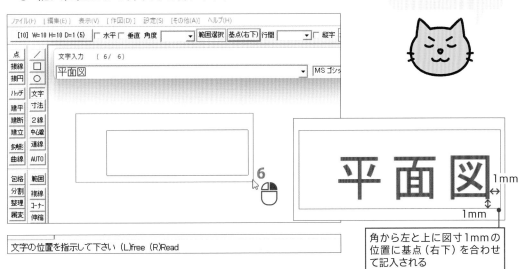

角から左と上に図寸1mmの位置に基点（右下）を合わせて記入される

文字と寸法

137

47 | 角度をつけた文字の記入

「文字」コマンドのコントロールバー「角度」ボックスに角度を指定することで、指定角度に傾けた文字を記入します。

1 | 30° に傾けた文字「境界線」を記入する

1　「文字」コマンドをクリック

2　「角度」ボックスに「30」を入力

3　「文字入力」ボックスに「境界線」を入力

4　「基点（左下）」を確認し、記入位置として実点を右クリック

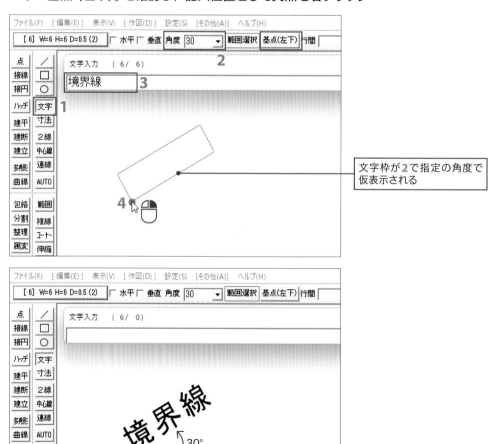

文字枠が**2**で指定の角度で仮表示される

2 | 斜線上中央に文字「道路境界線」を記入する

1 「文字」コマンドで、「基点」を「中下」にする

2 「文字入力」ボックスに「道路境界線」を入力

3 「線角」コマンドをクリック

4 基準線として斜線をクリック

POINT

「線角」コマンドは、基準線として指示した線の角度をコントロールバーの角度入力ボックスに自動入力（取得）します。「文字」コマンドに限らず、他のコマンド選択時にも同様に利用できます。

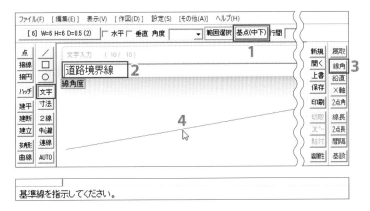

基準線を指示してください。

5 記入位置として斜線を右ドラッグ3時中心点・A点

POINT

線の中点には右クリックで読取りできる点がないため、クロックメニューの3時中心点・A点（▶p.124）を利用して線の中点を点指示します。

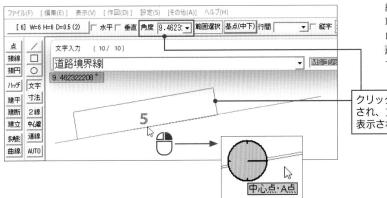

クリックした斜線の角度が取得され、文字枠が斜線と平行に仮表示される

文字の位置を指示して下さい (L)free (R)Read

斜線の中点に中下を合わせて記入される

文字と寸法

139

3 | 垂直方向に文字「境界線」を記入する

1 「文字」コマンドの「垂直」にチェックを付ける

2 「基点 (中下)」ボタンを右クリック

POINT

「垂直」にチェックを付けることで、「角度」ボックスの数値を無視して垂直方向に文字を記入します。

POINT

「基点」ボタンを右クリックすると「基点 (左下)」になります。

3 「文字入力」ボックスに「境界線」を入力

4 文字の記入位置として実点を右クリック

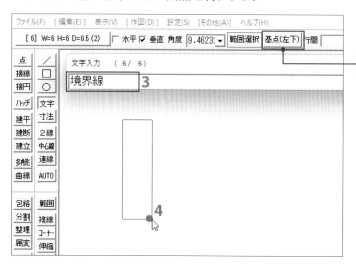

「基点 (左下)」になる

4 | 縦書きの文字「ルーム」を記入する

1 「文字」コマンドの「垂直」にチェックを付ける

2 「縦字」にチェックを付ける

3 「文字入力」ボックスに「ルーム」を入力

4 「基点 (左下)」をクリック

5 「ずれ使用」にチェックを付ける

6 「左中」をクリック

POINT

「垂直」と「縦字」にチェックを付けることで縦書きの文字記入になります。縦書き文字では、文字の基点が下図のようになるので、ご注意ください。

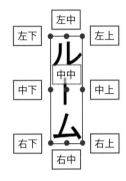

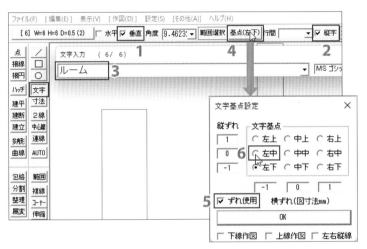

7 記入位置として上辺を右ドラッグ3時中心点・A点

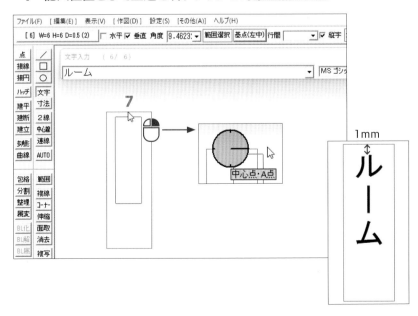

48 | 文字の書き換えと移動・複写

「文字」コマンドで「文字入力」ボックスに入力ぜずに、図面上の文字列をクリック（または右クリック）することで、文字の書き換えや移動（または複写）を行えます。

1 | 文字「平面詳細図」を「平面図」に書き換える

1 「文字」コマンドをクリック

2 書き換え対象の文字をクリック

POINT

「文字入力」ボックスに入力せずに、図面上の文字列をクリックすることで、その文字の書き換え（変更）および移動になります。

「文字入力」ダイアログが「文字変更・移動」ダイアログになる

文字変更・移動　（ 0/ 10）
平面詳細図

3 「文字変更・移動」ボックスの「平面詳細図」を「平面図」に書き換える

文字変更・移動　（ 4/ 6）
平面図

3

4 「基点」ボタンをクリック

5 「中中」をクリック

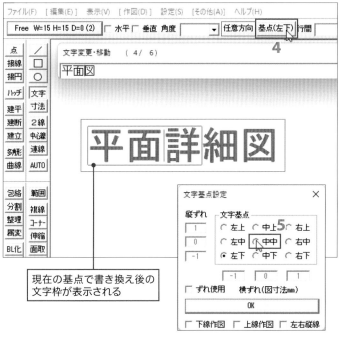

現在の基点で書き換え後の
文字枠が表示される

POINT

現在の文字基点位置を基準に
文字の記入内容が変更されま
す。変更前後で文字数が変わ
る場合は、文字の位置がずれ
ないよう、この段階で文字基
点を確認し、必要に応じて変
更します。

文字を書き換える
ときの文字基点は
要注意だよ!

書き換え後の文字枠が枠の
中心に表示される

文字の位置を指示して下さい (L)free (R)Read/ [Enter]で元の位置

POINT

Enter キーを押すことで文
字の変更が確定します。**6**の
操作の前に書込文字種やフォン
トを変更することで、書き
換えと同時に文字サイズや
フォントも変更できます。ま
た、**6**の操作の代わりに図面
上の別の位置をクリックする
ことで、記入内容の変更と移
動が同時に行えます。

6 Enter キーを押す

現在の基点(中中)を基準に
「平面図」に書き換えられる

文字と寸法

2 文字「100㎡」の末尾が別の文字列「20㎡」の末尾に揃うように移動する

1 「文字」コマンドで、移動対象の文字をクリック

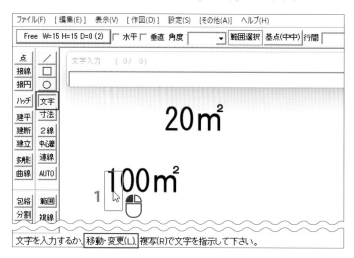

2 「任意方向」ボタンをクリックし、「X方向」にする

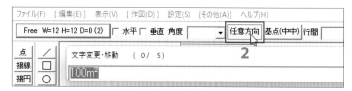

3 「基点」を「右下」にする

4 移動先として、文字「20㎡」の右下を右クリック

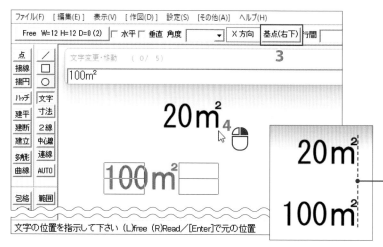

縦位置はそのままに4の位置に末尾が揃うように移動される

POINT

「任意方向」ボタンをクリックすると、「X方向」になり、文字の移動方向を横方向に固定します。

POINT

別の文字列の末尾に揃えるため、文字の基点を「右下」にします。基点を変更する際、「ずれ使用」のチェックが外れていることも確認してください。

POINT

文字列の左下と右下は、右クリックで読み取ることができます。

3 文字「20㎡」を末尾を揃えて上側に複写する

1 「文字」コマンドで、複写対象の文字を右クリック

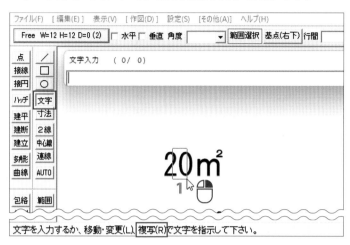

POINT

「文字」コマンドで「文字入力」ボックスに入力せずに図面上の文字列を右クリックすることで、文字の移動と同じ要領で文字の複写や書き換えたうえでの複写ができます。

2 「X方向」ボタンをクリックし、「Y方向」にする

3 複写先をクリック

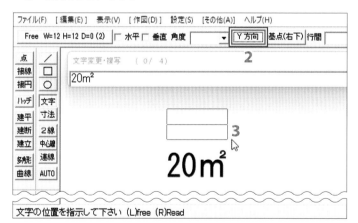

POINT

「X方向」ボタンをクリックすると「Y方向」(縦方向固定)になり、文字の複写方向が縦方向に固定されます。さらにクリックすると「XY方向」(横または縦の移動距離の多いほうに固定)→「任意方向」(固定なし)に切り替わります。

POINT

3の操作前に「文字変更・複写」ボックスの文字を書き換えることで、文字の書き換えと複写が同時に行えます。既存の文字列と上下または左右の位置を揃えて、別の文字を記入したい場合に利用できます。

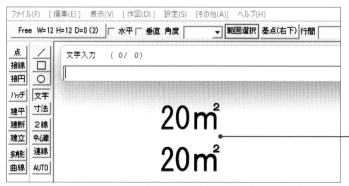

複写元の文字と末尾の位置を揃えて複写される

文字と寸法

49 │ 水平方向の寸法を記入

「寸法」コマンドでは「傾き」ボックスが「0」の場合、水平方向の寸法記入になります。ここでは、引出線タイプ「＝」と「—」を使って水平方向の寸法を記入し、違いを確認します。

1 │ 水平方向の寸法を連続記入する

1 「寸法」コマンドをクリック

2 端部ボタンを適宜クリックし、「端部●」にする

3 引出線タイプボタンを適宜クリックし、「＝」にする

4 引出線の始点として下図の補助線端点を右クリック

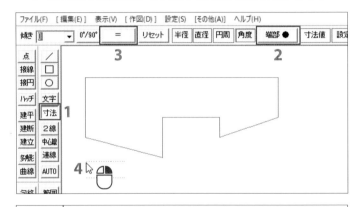

POINT

寸法線端部の形状は、端部ボタンをクリックすることで「端部●」(実点)→「端部—＞」(矢印)→「端部—＜」(外矢印)に切り替わります。

POINT

Jw_cadでは寸法補助線を引出線と呼びます。引出線の長さを揃えて記入する「＝」タイプと寸法の指示点により長さが決まる「—」タイプがあり、引出線タイプボタンをクリックすることで「＝」→「＝(1)」→「＝(2)」→「—」と切り替わります。「＝」では、はじめに引出線の描き始め位置と寸法線の記入位置を指示します。

5 寸法線の位置として下図の補助線端点を右クリック

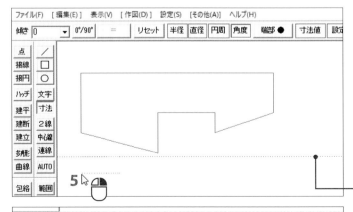

POINT

Jw_cadでの寸法各部の名称は以下の通りです。

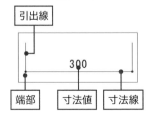

4の位置に引出し線（寸法補助線）の開始位置のガイドラインが仮表示される

6 寸法の始点として左の角をクリック

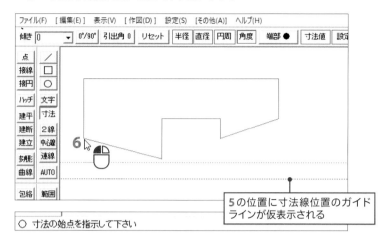

○ 寸法の始点を指示して下さい

7 寸法の終点として、その右の角をクリック

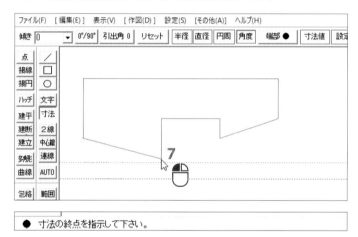

● 寸法の終点を指示して下さい。

8 次の寸法の終点として、その右の角を右クリック

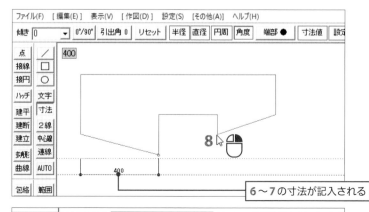

○●寸法の始点はマウス(L)、連続入力の終点はマウス(R)で指示して下さい。

POINT

「寸法」コマンドでは、図面上の2点（測り始めの点と測り終わりの点）を指示することで、その間隔を寸法として記入します。寸法の始点・終点として点のない位置を指示することはできません。そのため、寸法の始点、終点指示に限り、クリック、右クリックのいずれでも既存の点を読み取ります。

寸法の始点・終点に限り、クリック、右クリックのいずれでも近くの点を読み取るよ

POINT

寸法線、引出線の線色や寸法値は「寸法設定」ダイアログで指定の線色、文字種で記入されます。

POINT

寸法の始点と終点を指示した後の指示は、クリックと右クリックでは違う働きをします。直前に記入した寸法の終点から次に指示する点までの寸法を記入するには、次の点を右クリックで指示します。

文字と寸法

147

9 次の寸法の終点として、右端の角を右クリック

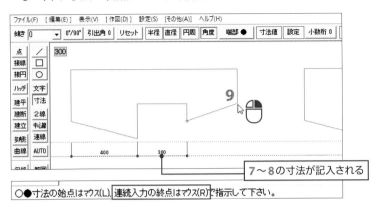

7～8の寸法が記入される

○●寸法の始点はマウス(L)、連続入力の終点はマウス(R)で指示して下さい。

POINT

引出し線タイプ「＝」では、寸法の始点・終点位置に関わらず、引出線（寸法補助線）は同じ長さで記入されます。

10 「リセット」ボタンをクリック

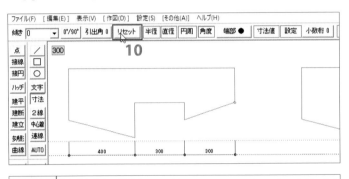

○●寸法の始点はマウス(L)、連続入力の終点はマウス(R)で指示して下さい。

POINT

現在表示しているガイドラインとは別の位置に寸法を記入するには「リセット」ボタンをクリックして現在の記入位置指定を解除します。

2 水平方向の寸法を引出し線タイプ「―」で記入する

1 「寸法」コマンドの引出し線タイプ「＝」ボタンを3回クリックして「―」にする

2 寸法線の記入位置として補助線端点を右クリック

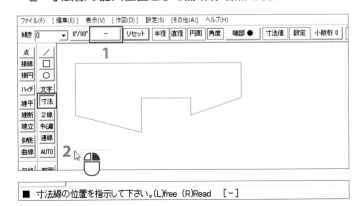

■ 寸法線の位置を指示して下さい。(L)free (R)Read [－]

TIPS

「＝」ボタンを右クリックするとクリックしたときの逆回りに→「―」→「＝(2)」→「＝(1)」に切り替わります。引出線タイプ「―」では、はじめに寸法線の記入位置を指示します。

3 寸法の始点をクリック

4 寸法の終点をクリック

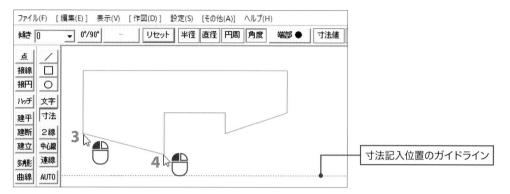

寸法記入位置のガイドライン

5 次の寸法の始点として、その右の角をクリック

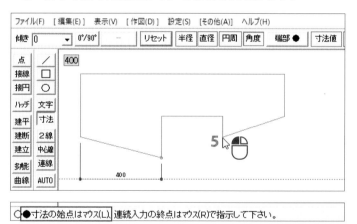

○●寸法の始点はマウス(L)、連続入力の終点はマウス(R)で指示して下さい。

✏️ **POINT**

寸法の始点と終点を指示した後の指示は、クリックと右クリックでは違う働きをします。直前に記入した寸法の終点から次に指示する点までの寸法を連続記入しない場合は、次の寸法の始点をクリックで指示します。

6 寸法の終点として、右端の角をクリック

7 「リセット」ボタンをクリック

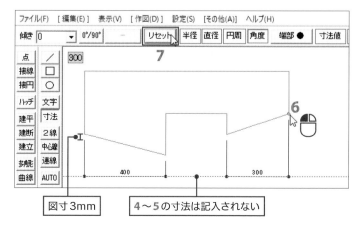

図寸3mm

4〜5の寸法は記入されない

✏️ **POINT**

引出し線タイプ「—」では、寸法の始点・終点の指示位置から「寸法設定」ダイアログ（▶p.158）の「指示点からの引出線位置　指定［−］」欄で指定した間隔（ここでは図寸3mm）を空けて引出し線を記入します。

指示点からの引出線位置　指定［−］
引出線位置　　　3

文字と寸法

50 | 角度を付けた寸法を記入

「寸法」コマンドの「傾き」ボックスに角度を入力することで、寸法の記入角度を指定します。ここでは、引出線タイプ「＝(1)」の使い方とともに学習しましょう。

1 垂直方向の寸法を引出し線タイプ「＝(1)」で記入する

1 「寸法」コマンドをクリック

2 「0°/90°」ボタンをクリックし、「傾き」ボックスを「90」にする

3 引出線タイプボタンを何度かクリックし、「＝(1)」にする

4 基準点として、三角形の頂点を右クリック

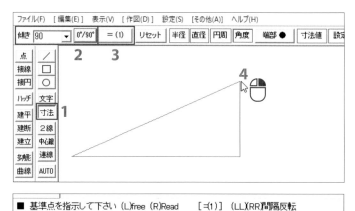

POINT

「傾き」ボックスの角度は、「0°/90°」ボタンをクリックすることで、0°⇔90°に切り替えできます。

POINT

引出線タイプ「＝(1)」は基準点を指示することで、「寸法設定」ダイアログ（▶p.158）で指定の位置に引出線始点のガイドラインと寸法線位置のガイドラインを表示します。50.jwwでは下図のように指定されています。

5 寸法の始点をクリック

6 寸法の終点をクリック

7 「リセット」ボタンをクリック

基準点から図寸5mmの位置に引出線始点、10mmの位置に寸法線位置のガイドラインが表示される

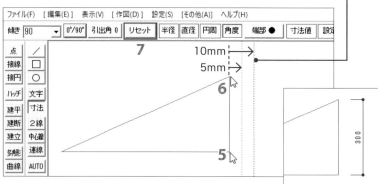

2 | 既存の斜線に平行に寸法を記入する

1 「寸法」コマンドで、「線角」コマンドをクリック

2 基準線として斜辺をクリック

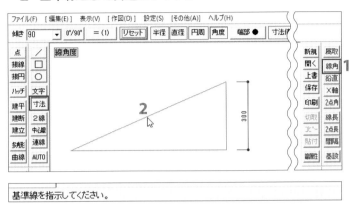

基準線を指示してください。

3 基準点として、頂点角を右ダブルクリック

4 寸法の始点をクリック

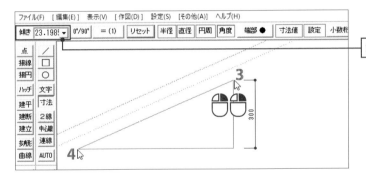

斜辺の角度が取得される

5 寸法の終点をクリック

6 「リセット」ボタンをクリック

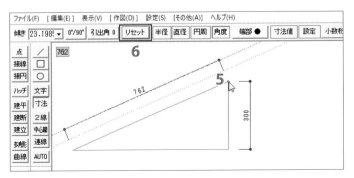

POINT

「線角」コマンドは、基準線として指示した線の角度をコントロールバーの角度入力ボックスに自動入力（取得）します。「寸法」コマンドに限らず、他のコマンド選択時にも同様に利用できます。

POINT

引出線タイプ「＝(1)」「＝(2)」の寸法位置を示すガイドラインは、基準点をクリックすることで下側（または右側）に表示されます。ガイドラインを上側（または左側）に表示するには、基準点をダブルクリック（間隔反転）します。

POINT

教材の50.jwwでは、コントロールバーの少数桁を指定するボタンが「少数桁0」になっているため、小数点以下の数値は四捨五入され、記入されません。

| 寸法値 | 設定 | 小数桁 0 |

「少数桁0」ボタンをクリックすることで記入寸法の少数桁を0〜3に切り替えできます。また、記入する小数点以下の桁数とそれ以下の処理（四捨五入/切り捨て/切り上げ）は「寸法設定」ダイアログの「小数点以下」欄（▶p.160）で指定できます。

文字と寸法

51 | 端部が矢印の寸法を記入

「寸法」コマンドの「端部」ボタンで、記入する寸法端部の形状を切り替えます。ここでは端部に矢印を記入する「端部—>」と「端部—<」の使い方と違いを確認しましょう。

1 | 端部を矢印にして長方形上辺の寸法を記入する

1 「寸法」コマンドをクリック

2 引出線タイプボタンを何度かクリックし、「—」にする

3 「端部●」ボタンをクリックし、「端部—>」にする

4 寸法線位置として、補助線端点を右クリック

5 寸法の始点をクリック

6 寸法の終点をクリック

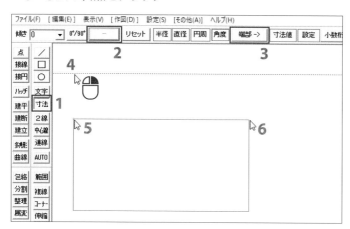

POINT

寸法線端部の形状は「端部●」（実点）ボタンをクリックすることで「端部—>」（内矢印）→「端部—<」（外矢印）に切り替えます。

7 「リセット」ボタンをクリック

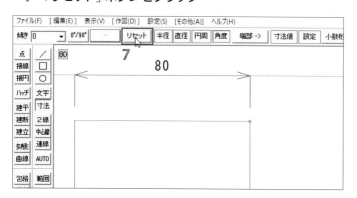

POINT

矢印の長さや角度は「寸法設定」ダイアログの「矢印設定」欄（▶p.158）での指定になります。それにより下図のように塗りつぶした矢印も使用できます。

2 | 端部の矢印を外側に記入する

1 「寸法」コマンドの「端部―>」ボタンをクリックし、「端部―<」にする

2 寸法線位置として、補助線端点を右クリック

3 寸法の始点をクリック

4 寸法の終点をクリック

POINT

寸法線の外側に端部の矢印を記入するには「端部―<」（外矢印）に切り替えます。

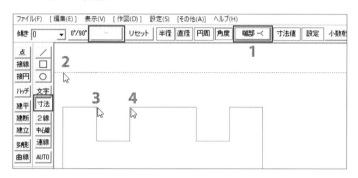

5 次の寸法の始点をクリック

6 寸法の終点をクリック

POINT

「端部―<」（外矢印）では、始点→終点の指示順で記入される寸法形状が異なります。左から右（または下から上）の順に、始点→終点を指示すると、外側に寸法線の延長線と端部矢印が記入されます（下図左）。右から左（または上から下）の順に始点→終点を指示すると、外側に寸法線の延長線は記入せずに端部矢印のみが記入されます。

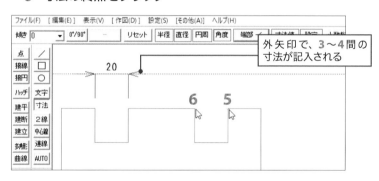

外矢印で、3〜4間の寸法が記入される

7 「リセット」ボタンをクリック

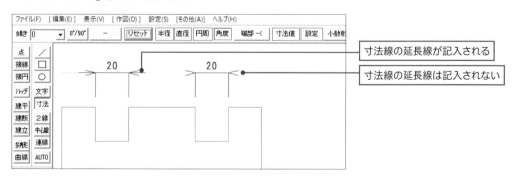

寸法線の延長線が記入される

寸法線の延長線は記入されない

文字と寸法

52 | 円・円弧の半径寸法と円周寸法を記入

「寸法」コマンドの「半径」ボタンで半径寸法を、「直径」ボタンで直径寸法、「円周」ボタンで円周上の2点間の寸法を記入します。

1 | 半径寸法を記入する

1 「寸法」コマンドをクリック

2 「半径」ボタンをクリック

3 「傾き」ボックスに「-45」を入力

4 寸法線端部を「端部―>」にする

5 円弧をクリック

POINT

半径寸法は「傾き」ボックスで指定の角度で記入されます。**5**で円をクリックすると寸法値は円の内側に、右クリックすると円の外側に記入されます。半径を示す「R」は「寸法設定」ダイアログの「半径（R）、直径（φ）」欄（▶p.160）で、前付け／後付け／無しのいずれかを指定できます。

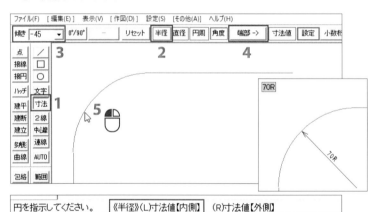

円を指示してください。　《半径》(L)寸法値【内側】　(R)寸法値【外側】

AND MORE

円の直径寸法

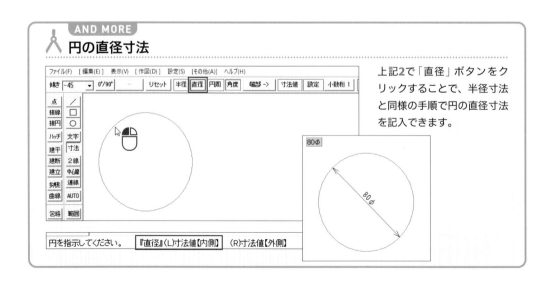

円を指示してください。　『直径』(L)寸法値【内側】　(R)寸法値【外側】

上記**2**で「直径」ボタンをクリックすることで、半径寸法と同様の手順で円の直径寸法を記入できます。

2 | 円周寸法を記入する

1 「寸法」コマンドで「円周」ボタンをクリック

2 円弧をクリック

3 寸法線位置をクリック

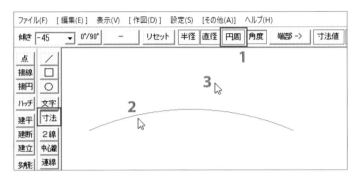

✏️ POINT

左図は引出線タイプ「—」と
していますが、引出線タイプ
により**3**の操作は異なります。

✏️ POINT

円周寸法の始点→終点は、必
ず左回り（反時計回り）で指
示してください。

円周上の始点→終
点は左回りで指示
することが基本だ
よ

4 寸法の始点をクリック

5 寸法の終点をクリック

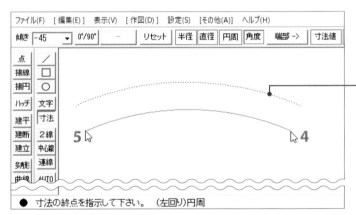

3の位置に寸法線位置のガイ
ドラインが表示される

6 「リセット」ボタンをクリック

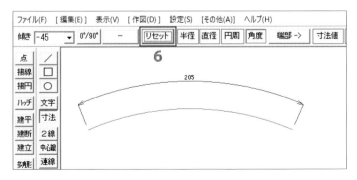

53 | 角度寸法を記入

「寸法」コマンドの「角度」では、2本の線の角度寸法や指定した原点に対する2点の角度寸法を記入します。

1 | 2本の線の角度寸法を記入する

1　「寸法」コマンドをクリック

2　「角度」ボタンをクリック

3　引出線タイプを「―」にする

4　1本目の線をダブルクリック

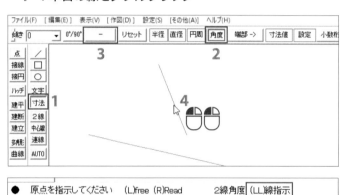

● POINT

2本の線の角度寸法を記入するには、1本目の線をダブルクリックします。1本目→2本目の指示は必ず左回りで行ってください。

円周寸法と同じく、角度寸法の始→終も左回りで指示するよ

5　2本目の線をクリック

6　寸法線位置をクリック

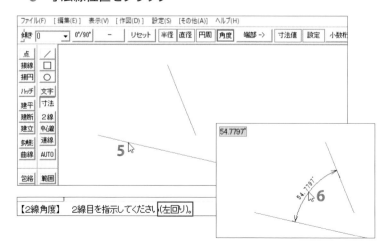

● POINT

記入される角度の単位（度／度分秒）と小数点以下の記入桁数は、「寸法設定」ダイアログの「角度単位」欄（▶p.160）の指定に準じます。

角度単位
　⊙ 度(°)　　　○ 度分秒

□ 度(°)単位追加 無
小数点以下桁数　4

2 | 円周上の2点の角度寸法を記入する

1 「寸法」コマンドの「角度」ボタンをクリック

2 引出線タイプを「—」にする

3 原点として、円弧の中心点（実点）を右クリック

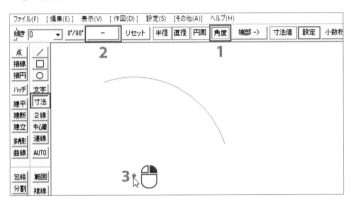

POINT

円周上の2点の角度寸法を記入するには、はじめに原点として円の中心点を指示します。円の中心が作図ウィンドウ上にない場合は、右ドラッグ3時中心点・A点（▶p.123）を利用することで円の中心点を原点に指示できます。

4 寸法線位置をクリック

5 寸法の始点をクリック

6 寸法の終点をクリック

7 「リセット」ボタンをクリック

POINT

角度寸法の始点→終点は左回りで指示します。記入される角度の単位（度／度分秒）は、「寸法設定」ダイアログの「角度単位」欄（▶p.160）の指定に準じます。

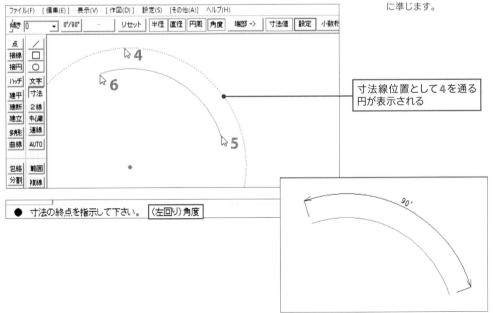

寸法線位置として**4**を通る円が表示される

54 | 寸法の各設定

「寸法設定」ダイアログでは、寸法値の文字種、寸法線の線色、端部矢印の大きさ、角度寸法の単位等々、寸法関連の各設定を行います。ここでは主な設定内容について解説します。

「寸法」コマンドの「設定」ボタンをクリック

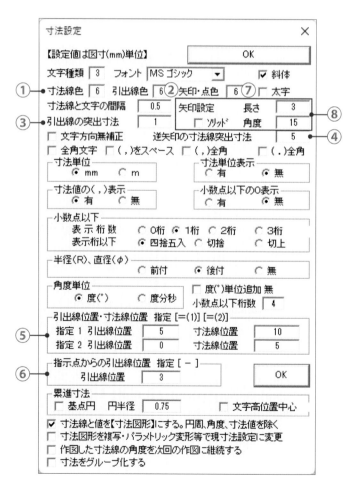

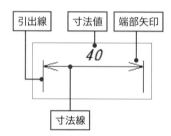

POINT

「寸法設定」ダイアログの設定内容は、一部を除き、図面ファイルに保存されています。

POINT

寸法の各部名称は下図の通りです。「寸法設定」ダイアログでの寸法指定はすべて図寸（mm）です。

●寸法線と引出線の設定

①寸法線色／②引出線色

寸法線および引出線の線色(「1」〜「8」)を指定します。

③引出線の突出寸法

右図に示す箇所の寸法です。

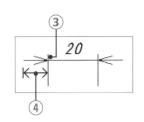

④逆矢印の寸法線突出寸法

「端部-＜」で記入した外矢印の引出線から外側の寸法線の長さです。

⑤引出線位置・寸法線位置　指定[＝(1)] [＝(2)]

引出線タイプ「＝(1)」「＝(2)」選択時の、基準点からの引出線開始位置と寸法線記入位置を図寸(mm)で指定します。

⑥指示点からの引出線位置　指定[－]

引出線タイプ「－」選択時の、寸法始点・終点から引出線開始位置までの距離を図寸(mm)で指定します。

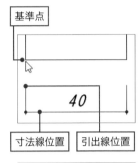

●寸法端部の設定

⑦矢印・点色

端部の矢印・点の線色(「1」〜「8」)を指定します。

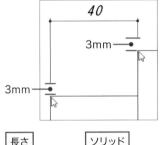

⑧矢印設定

長さ：端部矢印の長さを図寸(mm)で指定します。

角度：端部矢印の角度を度単位で指定します。

ソリッド：矢印が三角形のソリッドになります。

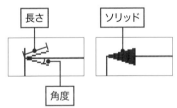

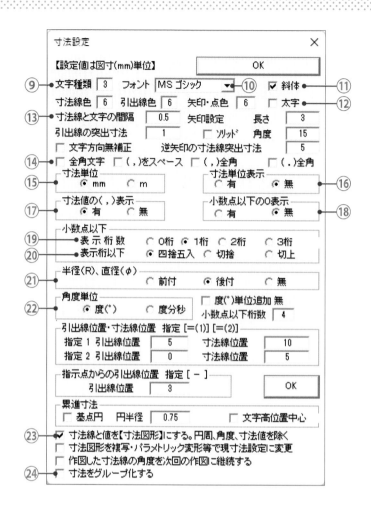

●寸法値の設定

⑨文字種類

寸法値の文字種類(「1」～「10」)を指定します。

⑩フォント

寸法値のフォントを指定します。

⑪斜体／⑫太字

寸法値に斜体、太字を指定します。

⑬寸法線と文字の間隔

寸法線と寸法値の離れを図寸(mm)指定します。

⑭全角文字

寸法値を全角文字で記入します。

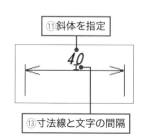

⑮寸法単位

記入寸法値の単位を「mm」と「m」から選択します。

⑯寸法単位表示

寸法値の単位の記入の有無を選択します。

⑰寸法値の(,)表示

桁区切りの「, 」記入の有無を選択します。

⑱小数点以下の0表示

小数点以下の記入桁（⑲で指定）の数値が「0」の場合の0の記入の有無を選択します。

⑲表示桁数

小数点以下の記入桁数を0〜3桁から選択します。

⑳表示桁以下

小数点以下の記入桁（⑲で指定）以下の処理を四捨五入／切捨／切上 から選択します。

㉑半径(R)、直径(φ)

半径・直径寸法の「R」「φ」を前付／後付／無から選択します。

㉒角度単位

角度寸法の記入単位を度(°)／度分秒から選択します。

度 (°) を選択した場合、単位の「°」を記入しない指定の「度(°)単位追加無」と、小数点以下の記入桁数を指定できます。

●その他の設定

㉓寸法線と値を【寸法図形】にする

p.162を参照してください。

㉔寸法をグループ化する

寸法部(寸法線、寸法値、引出線、端部実点または矢印)をひとまとまりのグループにして1要素として扱います。

▶p.163

「寸法設定」ダイアログの設定はこれから記入する寸法に適用されるものなので、設定変更しても記入済みの寸法は変更されないよ。

文字と寸法

55 | 寸法図形の性質とその解除

「寸法設定」ダイアログの「寸法値と値を【寸法図形】にする…」にチェックを付けて記入した
寸法部の寸法値と寸法線は1セットの寸法図形になります。

1 | 寸法図形の性質を確認する

1 「消去」コマンドをクリック

2 下図の寸法線を右クリック

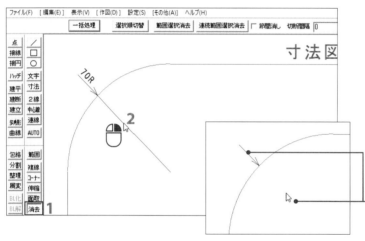

POINT

「寸法設定」ダイアログの「寸法値と値を【寸法図形】にする…」にチェックを付けて記入した寸法部（円周・角度寸法は除く）の寸法値と寸法線は1セットの寸法図形になっているため、「消去」コマンドで寸法線（または寸法値）を右クリックすると、その寸法値（または寸法線）も消去されます。寸法線だけを消去するには、寸法図形を解除（▶次ページ）する必要があります。

右クリックした寸法線と共に寸法値も消える

3 「戻る」コマンドをクリックして元に戻す

4 「伸縮」コマンドをクリック

5 寸法線をクリック

6 伸縮点として、適当な位置をクリック

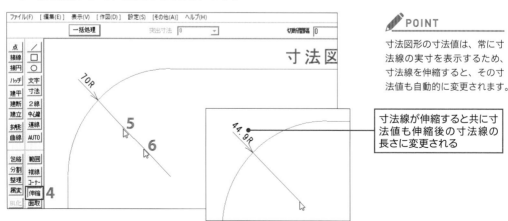

POINT

寸法図形の寸法値は、常に寸法線の実寸を表示するため、寸法線を伸縮すると、その寸法値も自動的に変更されます。

寸法線が伸縮すると共に寸法値も伸縮後の寸法線の長さに変更される

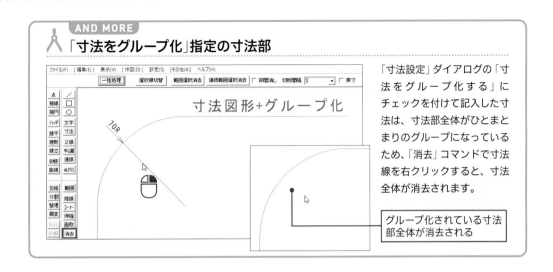

AND MORE

「寸法をグループ化」指定の寸法部

「寸法設定」ダイアログの「寸法をグループ化する」にチェックを付けて記入した寸法は、寸法部全体がひとまとまりのグループになっているため、「消去」コマンドで寸法線を右クリックすると、寸法全体が消去されます。

グループ化されている寸法部全体が消去される

---

2 寸法図形を解除して寸法線だけを消す

1 「寸解」コマンドをクリック

2 解除対象の寸法線をクリック

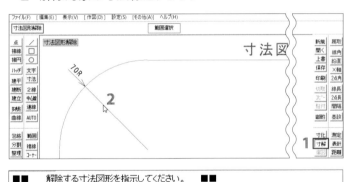

■■　解除する寸法図形を指示してください。　■■

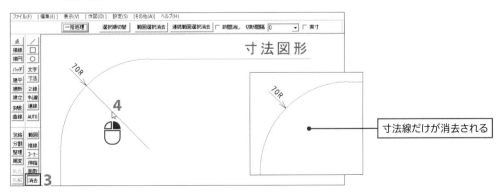

✏ **POINT**

寸法図形の寸法値や寸法線を文字要素、線要素として扱うためには、寸法図形を解除します。**2**の操作で、作図ウィンドウ左上に**寸法図形解除**と表示され、クリックした寸法図形が解除されて、文字要素（寸法値）と線（寸法線）に分解されます。

3 「消去」コマンドをクリック

4 寸法線を右クリック

寸法線だけが消去される

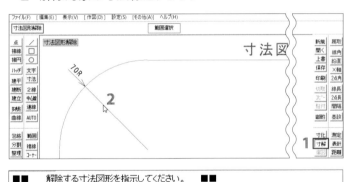

文字と寸法

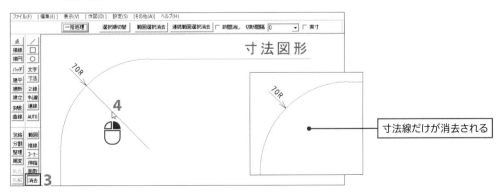

163

56 | 寸法値の移動と書き換え

「寸法」コマンドの「寸法値」は指示した2点間に寸法値のみを記入するほか、記入済みの寸法値の移動や書き換えを行います。

1 | 寸法値「30」を寸法線の外に移動する

1 「寸法」コマンドをクリック

2 「寸法値」ボタンをクリック

3 移動対象の寸法値「30」を右クリック

4 「任意方向」ボタンをクリックし、「－横方向－」にする

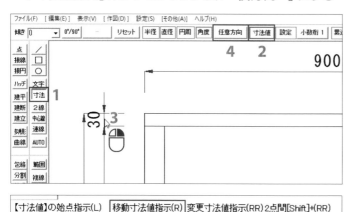

【寸法値】の始点指示(L)　移動寸法値指示(R)　変更寸法値指示(RR)2点間[Shift]+(RR)

5 移動先として寸法線の外でクリック

6 「リセット」ボタンをクリック

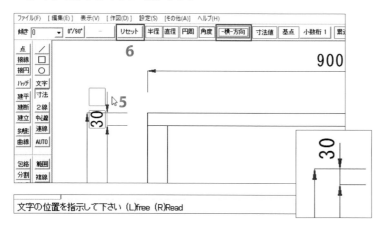

文字の位置を指示して下さい (L)free (R)Read

POINT

「寸法」コマンドの「寸法値」で記入済みの寸法値（寸法図形の場合、寸法線でもよい）を右クリックすることで寸法値の移動になります。

POINT

4のボタンは、寸法値の移動方向を指定します。クリックする都度「-横-方向」（横方向に固定）→「｜縦｜方向」（縦方向に固定）→「＋横縦方向」（横または縦方向に固定）→「任意方向」（固定なし）に切り替わります。この横方向、縦方向は、画面に対する横と縦ではなく、寸法値に対しての横と縦です。

2 寸法値「900」を「幅：800〜1200」に書き換える

1 「寸法」コマンドの「寸法値」ボタンをクリック

2 書き換え対象の寸法値「900」を右ダブルクリック

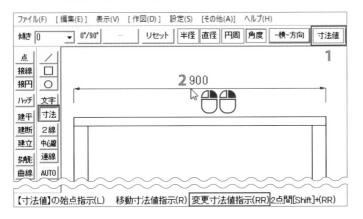

POINT

寸法線の長さはそのままに寸法値の数値のみを書き換えるには「寸法値」で書き換え対象の寸法値（寸法図形の場合、寸法線でもよい）を右ダブルクリックします。

3 「寸法図形を解除する」にチェックを付ける

POINT

3のチェックを付けずに変更した寸法値は、移動時に寸法線の実寸に戻ってしまいます。**2**の寸法値が文字要素の場合、「寸法図形を解除する」はグレーアウトされ、チェックを付ける必要はありません。

4 寸法値「900」を「幅：800〜1200」に書き換える

5 「OK」ボタンをクリック

POINT

日本語の入力は[半角/全角]キーを押して日本語入力をオンにして行います。

6 「リセット」ボタンをクリック

POINT

寸法値が書き換えられるとともに、寸法図形は解除され、線（寸法線）と文字（寸法値）に分解されます。

文字と寸法

165

57 | 文字の大きさやフォントを変更

「属変」（属性変更）コマンドでは、線・円・実点などの線色・線種・レイヤや文字の文字種・フォント・レイヤを個別に変更します。

1　文字「平面図」を8mm角のMS明朝に変更する

1　「属変」コマンドをクリック

2　「書込文字種」ボタンをクリック

3　「フォント」ボックスの▼をクリックし、「MS明朝」をクリック

4　「文字種8」をクリック

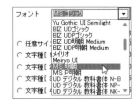

POINT

「属変」コマンドでは、文字種を変更すると同時にフォントと斜体、太字の指定も「書込み文字種変更」ダイアログでの指定に変更します。「フォント」ボックスの▼をクリックすると、使用しているパソコンに搭載されている日本語に対応したTrueTypeフォントがリスト表示され、そこからフォントを選択します。

5　「基点（左下）」をクリック

6　「中中」をクリック

POINT

文字の大きさは基点を基準に変更されます。大きさ変更の前に基点の確認および適宜、変更をしてください。

7 文字のレイヤは変更しないため、「書込みレイヤに変更」のチェックを外す

8 変更対象として文字「平面図」を右クリック

変更するデータを指示してください。 線・円・実点(L) 文字(R)

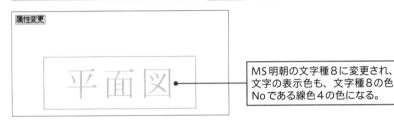

MS明朝の文字種8に変更され、文字の表示色も、文字種8の色Noである線色4の色になる。

POINT

変更対象が文字の場合は、文字を右クリックします。寸法図形（▶p.162）の寸法値を右クリックした場合には下図のメッセージが表示され、属性変更はできません。寸法図形の寸法値の文字種を変更するには「2 複数の文字の大きさ、フォントを一括変更する」の方法で変更します。

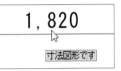

2 | 複数の文字の大きさ、フォントを一括変更する

1 「範囲」コマンドをクリック

2 選択範囲枠で図全体を囲み、終点を右クリック（文字を含む）

POINT

選択範囲枠内の文字も対象にするには、終点を右クリックします。2の結果、文字以外の要素も選択されますが、その後の操作に支障はありません。

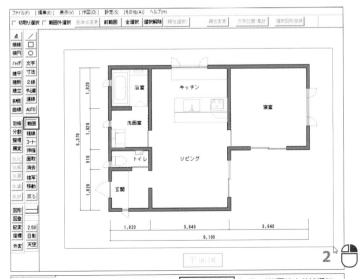

選択範囲の終点を指示して下さい。(L)文字を除く(R)文字を含む (LL)(RR)範囲枠交差線選択

3 「属性変更」ボタンをクリック

4 「書込【文字種】に変更」をクリック

5 「文字種5」をクリック

📝 POINT

「属性変更」では、選択した要素の線色・線種・レイヤ・文字種や各属性（▶p.32）を変更します。**4**、**5**では、文字種を変更する指示をします。

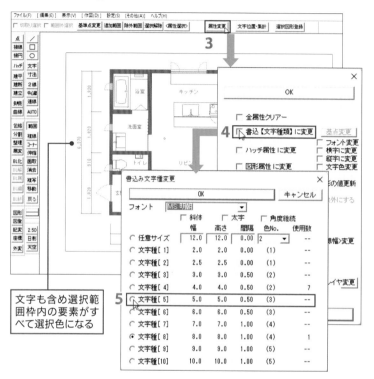

文字も含め選択範囲枠内の要素がすべて選択色になる

6 「基点変更」ボタンをクリック

7 「中下」をクリック

📝 POINT

文字種（文字の大きさ）を変更する場合には、その基点にも配慮が必要です。ここでは、寸法値を含めた文字の大きさを変更するため、その位置が大きくずれないよう、文字の「中下」を基点にします。

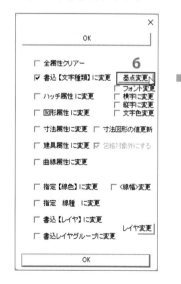

8 「フォント変更」をクリック

9 「フォント」ボックスの▼をクリックし、「MS明朝」をクリック

10 「OK」ボタンをクリック

11 変更指示項目にチェックが付いていることを確認し「OK」ボタンをクリック

✏ **POINT**

「属性変更」では複数の変更指示が可能です。ここでは、文字種変更に加え、フォントも「MS明朝」に変更するため、**8**〜**10**の指定を行います。

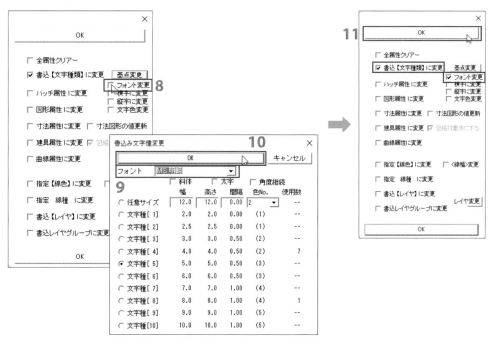

✏ **POINT**

文字が文字種5に変更されたため、その表示色も文字種5の色Noの線色3になります。

選択色になっていた文字すべてが文字種5、MS明朝に一括変更される

6章の復習課題

Rev6jwwを開いて、下図のように文字や寸法を記入および変更しよう。操作手順は各自に任せるよ。迷った時は赤枠のヒントとそのページを見てね。

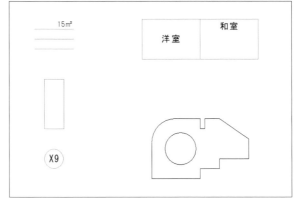

Rev6.jww

文字の複写と共に書き換え ▶p.145

位置が揃うように文字を移動 ▶p.144

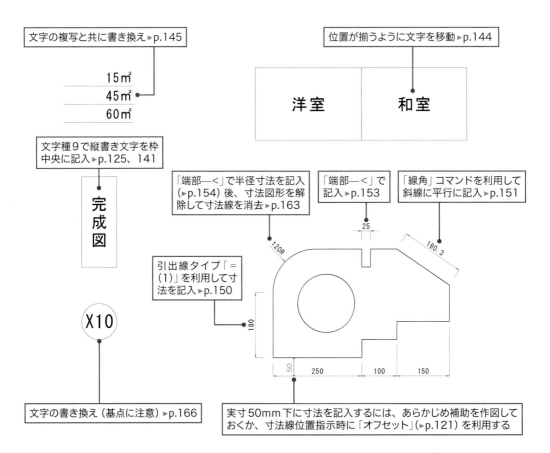

※上図の完成図をRev6完成図.jwwとして「06」フォルダーに収録しています。必要に応じて印刷してご利用ください。

CHAPTER 7

レイヤと
レイヤグループ

CAD特有のレイヤ機能と
それに加えて
Jw_cad特有のレイヤグループを
攻略しよう。

58 | レイヤとその操作

CADでは図面の各部分をレイヤと呼ぶ透明なシートに描き分け、それらを重ね合わせて1枚の図面にすることができます。ここでは、そのレイヤの概要と操作について学習します。

1 | レイヤとは

　CADでは、基準線や柱・壁など図面の各部分を複数の透明なシートにかき分け、それらのシートを重ね合わせて1枚の図面にできます。この透明なシートに該当するものを「レイヤ」と呼びます。どのレイヤに作図するか（書込レイヤ）やレイヤごとの表示・非表示指定は、レイヤバーや「レイヤ一覧」ウィンドウで行います。

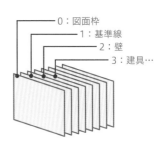

0：図面枠
1：基準線
2：壁
3：建具…

2 | 「レイヤ一覧」ウィンドウを開く

1 レイヤバーの書込レイヤ（凹表示）を右クリック

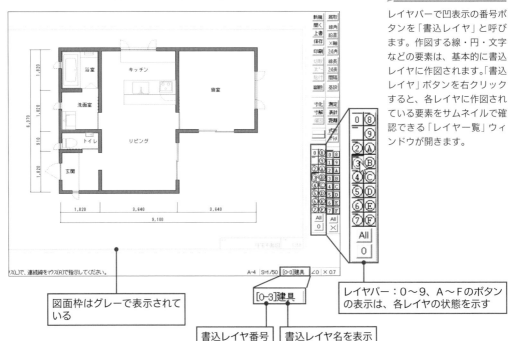

図面枠はグレーで表示されている

[0-3]建具

書込レイヤ番号　　書込レイヤ名を表示

レイヤバー：0〜9、A〜Fのボタンの表示は、各レイヤの状態を示す

POINT

レイヤバーで凹表示の番号ボタンを「書込レイヤ」と呼びます。作図する線・円・文字などの要素は、基本的に書込レイヤに作図されます。「書込レイヤ」ボタンを右クリックすると、各レイヤに作図されている要素をサムネイルで確認できる「レイヤ一覧」ウィンドウが開きます。

●「レイヤ一覧」ウィンドウと各部名称

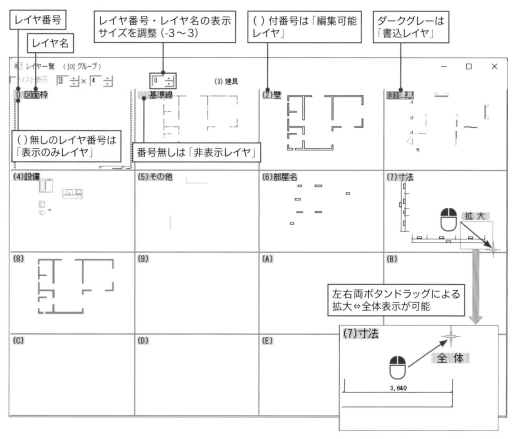

レイヤ番号

レイヤ名

レイヤ番号・レイヤ名の表示サイズを調整（-3〜3）

（ ）付番号は「編集可能レイヤ」

ダークグレーは「書込レイヤ」

（ ）無しのレイヤ番号は「表示のみレイヤ」

番号無しは「非表示レイヤ」

左右両ボタンドラッグによる拡大⇔全体表示が可能

●各レイヤ状態とレイヤバーにおける表示

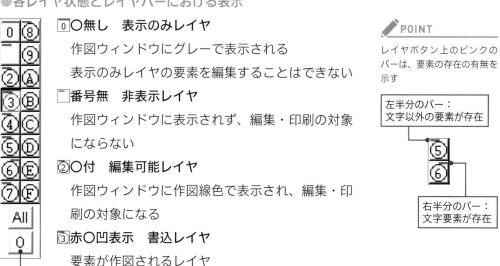

0 ○無し　表示のみレイヤ

作図ウィンドウにグレーで表示される

表示のみレイヤの要素を編集することはできない

□ 番号無　非表示レイヤ

作図ウィンドウに表示されず、編集・印刷の対象にならない

2 ○付　編集可能レイヤ

作図ウィンドウに作図線色で表示され、編集・印刷の対象になる

3 赤○凹表示　書込レイヤ

要素が作図されるレイヤ

書込レイヤグループ番号（▶p.180）

POINT

レイヤボタン上のピンクのバーは、要素の存在の有無を示す

左半分のバー：文字以外の要素が存在

右半分のバー：文字要素が存在

レイヤと測定

173

3 　「9」レイヤにレイヤ名「インテリア」を設定する

1 レイヤ番号「(9)」をクリック

2 「レイヤ名」ボックスに「インテリア」を入力

3 「OK」ボタンをクリック

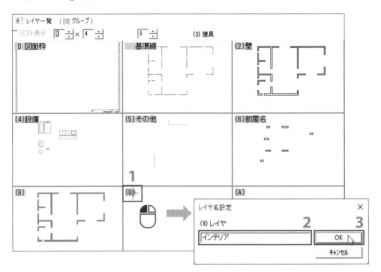

POINT

各レイヤにレイヤ名を設定（または変更）できます。ここでは、新たにレイヤ名を設定しますが、レイヤ名を変更する場合も同じ手順で変更できます。

TIPS

2でレイヤ名入力後に Enter キーを押すことで**3**の操作の代わりになります。

4 　「9」レイヤを書込レイヤにする

1 レイヤ「9」の枠内にマウスポインタを合わせ右クリック

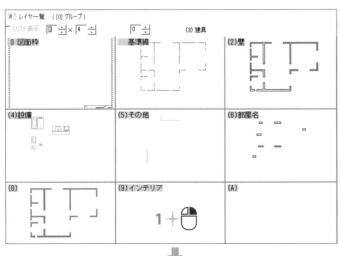

レイヤ番号・レイヤ名部分が書込レイヤを示すダークグレーになる

POINT

レイヤの枠内で右クリックすると、そのレイヤを書込レイヤにします。

5 「7」レイヤを非表示レイヤに、「6」レイヤを表示のみレイヤにし、「レイヤー覧」ウィンドウを閉じる

1 レイヤ「7」の枠内でクリック

2 レイヤ「6」の枠内でクリック

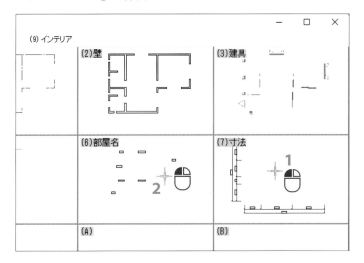

POINT

書込レイヤ以外のレイヤの状態変更は、枠内でクリックすることで行います。クリックする都度、「非表示」(番号無し)→「表示のみ」(番号に()無し)→「編集可能」(番号に()付)に切り替わります。クリックは必ず、枠内のレイヤ番号・レイヤ名以外の位置で行ってください。レイヤ番号・レイヤ名をクリックすると、レイヤ名の設定・変更(▶p.174)になります。

3 レイヤ「6」の枠内で再度クリック

レイヤ番号が消え非表示になる

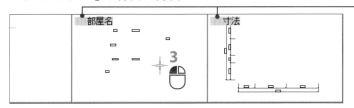

4 ウィンドウ右上の×(閉じる)ボタンをクリック

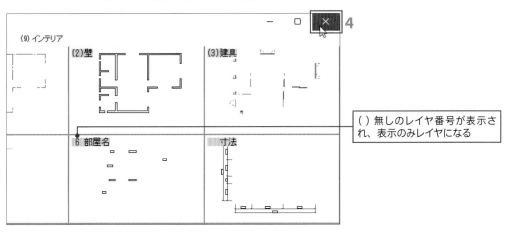

()無しのレイヤ番号が表示され、表示のみレイヤになる

レイヤと測定

6 | 「9」レイヤに直径120cmの円テーブルを作図する

1 「○」コマンドをクリック

2 「半径」ボックスに「600」を入力

3 下図の位置でクリック

表示のみレイヤ「6」の
要素はグレー表示

円が作図されると書込レイヤ「9」
ボタンの左上に要素の存在を示
すバーが表示される

[0-9]インテリア

書込レイヤ番号とレイヤ名が表示される

POINT

前項で「6」レイヤを表示の
みレイヤにしたため、「6」
レイヤに記入されている文字は
グレーで表示されます。前項
で非表示にした「7」レイヤ
に作図されている寸法は表示
されません。

POINT

3の操作が完了すると、レイ
ヤバーの書込レイヤ「9」ボ
タンの左上に文字以外の要素
の存在を示す赤いバーが表示
されます。「レイヤ一覧」ウィ
ンドウを開くと、「9」レイヤ
に円が作図されていることが
確認できます。

7 | 表示のみレイヤの性質を確認する

1 「消去」コマンドをクリック

2 グレー表示されている図面枠を右クリック

図形がありません

図形がありませんと表示され、
消去できない

POINT

作図ウィンドウにグレー表示
される「表示のみレイヤ」の
要素を消去、伸縮、複写など
の編集対象にすることはでき
ません。ただし、表示のみレ
イヤの点を右クリックで読取
ることや線・円を「複線」コ
マンドの基準線にすることは
可能です。

1 「0」レイヤボタンをクリック

POINT

レイヤバーでのクリック操作も「レイヤ一覧」ウィンドウでのクリック操作と同じです。書込レイヤ以外のレイヤ番号をクリックする都度、「非表示」(番号無し)→「表示のみ」(番号に○無し)→「編集可能」(番号に○付)と、レイヤの状態が変更されます。編集可能レイヤの要素はすべての編集対象になります。

番号に○が付き、編集可能レイヤになる

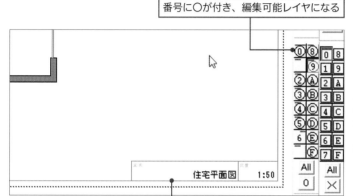

作図ウィンドウにマウスポインタをもどすと「0」レイヤに作図されている図面枠が本来の線色で表示される

右クリックで書込レイヤ指定、クリックで書込レイヤ以外の状態(非表示→表示のみ→編集可能)変更　この操作は覚えておいてね

AND MORE

「All」ボタンで一括変更

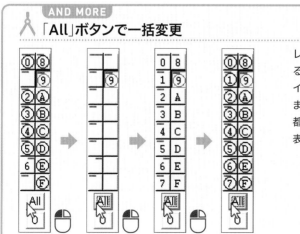

レイヤバーの「All」ボタンを右クリックすると、書込レイヤ以外がすべて編集可能レイヤになります。

また、「All」ボタンをクリックすると、その都度、書込レイヤ以外のレイヤを非表示→表示のみ→編集可能に一括変更します。

レイヤと測定

59 | 属性取得とレイヤ非表示化

ここでは、「属取」（属性取得）コマンドを利用して、指定要素のレイヤを書込レイヤにする
方法と指定要素のレイヤを非表示にする方法を学習します。

1 | 椅子の作図レイヤを書込レイヤにする

1 「属取」コマンドをクリック

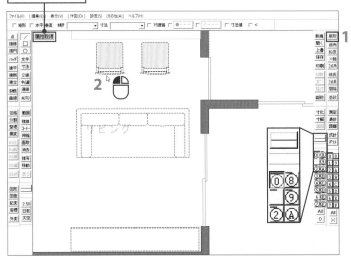

属性取得をする図形を指示してください(L)　　レイヤ反転表示(R)

2 椅子をクリック

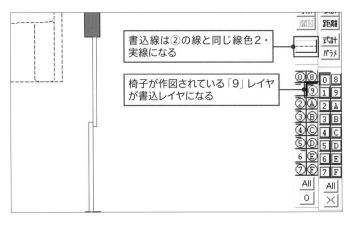

書込線は②の線と同じ線色2・
実線になる

椅子が作図されている「9」レイヤ
が書込レイヤになる

POINT

線・円など作図されている要素の線色・線種と作図レイヤを「属性」と呼びます。「属取」（属性取得）コマンドは、クリックした要素の線色・線種を書込線色・線種に、作図されているレイヤを書込レイヤにします。ただし、表示のみレイヤの要素は図形がありませんと表示されます。(▶次ページAND MORE)

TIPS

1の操作後、作図ウィンドウで右クリックすると、一時的に、書込レイヤと編集可能レイヤの要素が非表示になり、非表示レイヤと表示のみレイヤの要素が表示される「レイヤ反転表示」状態になります。属性取得の対象要素をクリックするか、作図ウィンドウで再度右クリックすることで元の表示に戻ります。

「属取」コマンドは、
レイヤや線色・線種を使い分ける際にすごく便利だから、絶対覚えてね！

2 │ 塗りつぶしのレイヤを非表示レイヤにする

1 「属取」コマンドを2回クリック

2 塗りつぶし部をクリック

レイヤ非表示化と表示

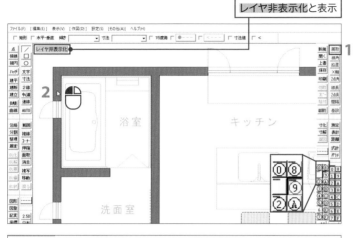

非表示にするレイヤの図形を指示してください

2でクリックした要素の作図レイヤが
非表示レイヤになる

✏ POINT

「属取」コマンドを2回クリックすると、左上にレイヤ非表示化と表示され、指示した要素の作図レイヤを非表示にします。メニューバーの［設定］-「レイヤ非表示化」を選択しても同じです。

✏ POINT

2で書込レイヤの要素をクリックした場合は書込レイヤですと表示され、非表示にはなりません。

レイヤの状態変更操作は、作図・編集操作ではなく、設定操作のため、「戻る」コマンドで操作前に戻すことはできないよ。間違ったときはレイヤバーなどで状態変更をし直してね。

レイヤと測定

🗙 AND MORE
表示のみレイヤの要素も属性取得するには

初期設定では、「属取」コマンドでグレー表示されている表示のみレイヤの要素をクリックすると、図形がありませんと表示され、属性取得できません。「基設」コマンドで開く「jw_win」ダイアログの「一般(1)」タブの「表示のみレイヤも属性取得」にチェックを付けることで、表示のみレイヤの要素の属性取得も可能になります。

60 ｜ レイヤグループとその操作

Jw_cadには、16枚のレイヤを1セットとしたレイヤグループがあります。1枚の用紙に縮尺の異なる図を作図するには、このレイヤグループの使い分けが必須です。

1 ｜ レイヤグループとは

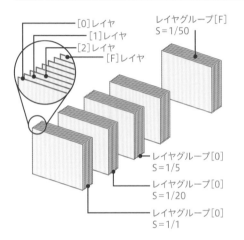

[0]レイヤ
[1]レイヤ
[2]レイヤ
[F]レイヤ

レイヤグループ[F]
S=1/50

レイヤグループ[0]
S=1/5

レイヤグループ[0]
S=1/20

レイヤグループ[0]
S=1/1

　16枚のレイヤを1セットとしたものをレイヤグループと呼びます。Jw_cadには16のレイヤグループがあり、レイヤグループごとに縮尺を設定できます。

　レイヤグループは、Jw_cad特有の概念で、必ずしも使用しなければならないものではありません。ただし、縮尺の異なる図を1枚の用紙に作図する場合には、このレイヤグループを利用することが必須です。

2 ｜ 「レイヤグループ一覧」ウィンドウを開く

1 レイヤグループバーの書込レイヤグループ（凹表示）を右クリック

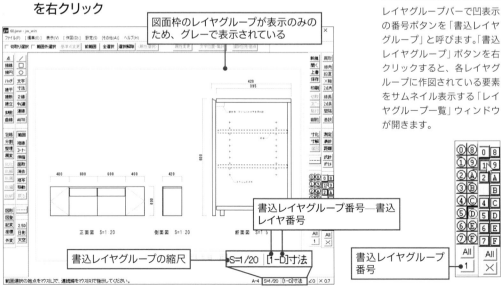

図面枠のレイヤグループが表示のみのため、グレーで表示されている

書込レイヤグループ番号——書込レイヤ番号

書込レイヤグループの縮尺

書込レイヤグループ番号

POINT

レイヤグループバーで凹表示の番号ボタンを「書込レイヤグループ」と呼びます。「書込レイヤグループ」ボタンを右クリックすると、各レイヤグループに作図されている要素をサムネイル表示する「レイヤグループ一覧」ウィンドウが開きます。

● 「レイヤグループ一覧」ウィンドウと各部名称

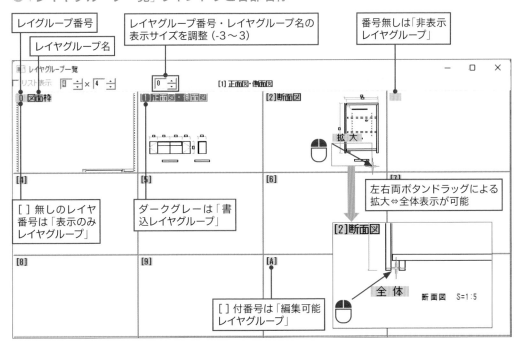

レイグループ番号

レイヤグループ名

レイヤグループ番号・レイヤグループ名の
表示サイズを調整 (-3〜3)

番号無しは「非表示
レイヤグループ」

[ ] 無しのレイヤ
番号は「表示のみ
レイヤグループ」

ダークグレーは「書
込レイヤグループ」

左右両ボタンドラッグによる
拡大⇔全体表示が可能

[ ] 付番号は「編集可能
レイヤグループ」

● 各レイヤグループの状態とレイヤグループバーにおける表示

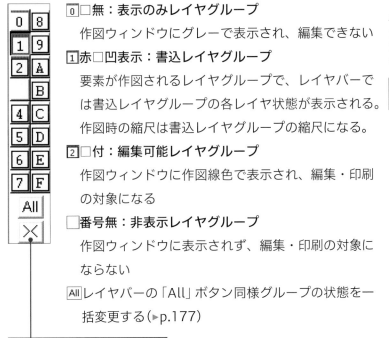

0 □無：表示のみレイヤグループ

作図ウィンドウにグレーで表示され、編集できない

1 赤□凹表示：書込レイヤグループ

要素が作図されるレイヤグループで、レイヤバーで
は書込レイヤグループの各レイヤ状態が表示される。
作図時の縮尺は書込レイヤグループの縮尺になる。

2 □付：編集可能レイヤグループ

作図ウィンドウに作図線色で表示され、編集・印刷
の対象になる

□ 番号無：非表示レイヤグループ

作図ウィンドウに表示されず、編集・印刷の対象に
ならない

All レイヤバーの「All」ボタン同様グループの状態を一
括変更する（▶p.177）

一時的にレイヤの表示状態を反転
表示。再度クリックで元に戻す

POINT

レイヤグループボタン上のピ
ンクのバーは、要素の存在の
有無を示す

左半分のバー：
文字以外の要素が存在

0

右半分のバー：
文字要素が存在

レイヤと測定

3 「3」レイヤグループを書込レイヤグループにし、レイヤグループ名「部分詳細図」を設定する

1 「3」レイヤグループ枠内で右クリック

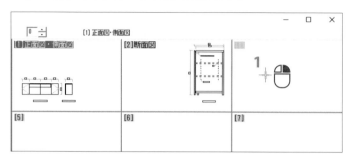

2 「3」レイヤグループ番号をクリック

3 「レイヤグループ名」ボックスに「部分詳細図」を入力

4 「OK」ボタンをクリック

書込レイヤグループを示す濃いグレーになる

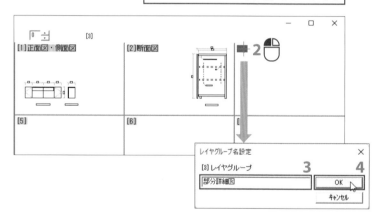

5 「×」(閉じる) ボタンをクリック

レイヤグループ名が設定される

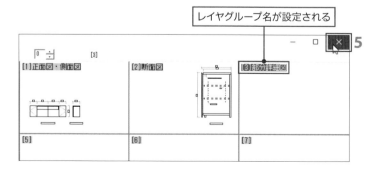

✎ POINT

「レイヤグループ一覧」ウィンドウでの操作は、下記のように、「レイヤ一覧」ウィンドウでの操作と同様です。

・枠内で右クリック：書込レイヤグループ指示

・書込レイヤグループ以外の枠内でクリック：レイヤグループの状態を「非表示」（番号無し）→「表示のみ」（[]無し番号）→「編集可能」（[]付番号）に変更

・レイヤグループ番号をクリック：レイヤグループ名の設定・変更

「レイヤグループ一覧」ウィンドウ、レイヤグループバーでの操作は、「レイヤ一覧」ウィンドウ、レイヤバーでの操作と同じだよ

1 「縮尺」ボタンをクリック

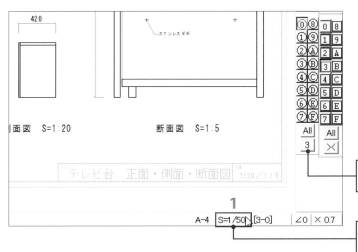

POINT

縮尺の異なる図を描き加えるには、何も作図されていないレイヤグループを書込レイヤグループにし、そのレイヤグループの縮尺を追加する図の縮尺に設定したうえで、追加作図します。

書込レイヤグループ「3」のレイヤバー

書込レイヤグループ「3」の現在の縮尺

2 「縮尺」の「分母」ボックスに「1」を入力

3 「OK」ボタンをクリック

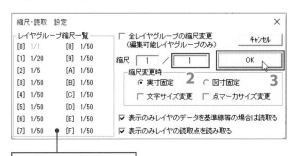

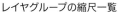

レイヤグループの縮尺一覧

POINT

レイヤグループバーでの操作は、下記のように、レイヤバーでの操作と同様です。

・レイヤグループボタンを右クリック：書込レイヤグループ指示
・書込レイヤグループ以外のボタンをクリック：レイヤグループの状態を「非表示」（番号無し）→「表示のみ」（□無し番号）→「編集可能」（□付番号）に変更

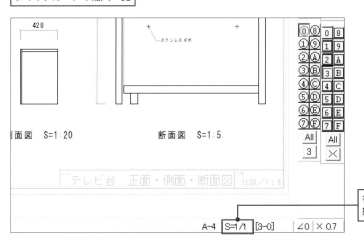

書込レイヤグループ「3」の縮尺が1/1になる

レイヤと測定

183

61 | 距離・面積測定と属性取得

「測定」コマンドでは、図面上の指定点間の距離や指定範囲の面積などを測定します。その際、書込レイヤグループの縮尺に注意が必要です。

1 | 断面図の天板の奥行を測定する

1 「測定」コマンドをクリック

2 「mm/【m】」ボタンをクリックし、「【mm】/m」にする

3 「距離測定」ボタンをクリック

4 測定の始点として、天板の左上角を右クリック

5 測定の次の点として、天板の右上角を右クリック

POINT

「測定」コマンドの「距離測定」では、指示した点間の距離を測定し、ステータスバーに表示します。「測定」コマンドのコントロールバーのボタンでは、測定単位（mm ⇔ m）、小数点以下の表示桁数（0→1→2→3→4→F：有効桁数）を切り替えできます。

【mm】/ m	小数桁 3	測定

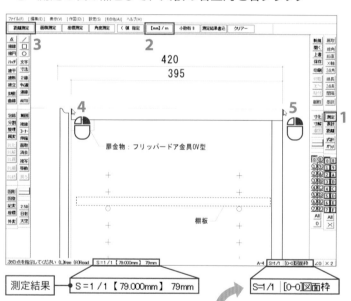

測定結果　S＝1／1【79.000mm】79mm

S＝1／1　[0-0]図面枠

395mmのはずの2点間を測定したのに、その結果は79mm！ これは困った。どうした事だろう?!

これは、測定時の縮尺「S=1/1」に原因があるよ。書込レイヤグループの縮尺換算で測定されるため、それとは異なる縮尺で作図されている天板の奥行は、正しく測定できないのだ。測定対象が作図されているレイヤグループを書込レイヤグループにしたうえで測定しよう。

2 | 続けて属性取得し、天板の奥行・高さを測定する

1 「属取」コマンドをクリック

2 測定対象の天板の線をクリック

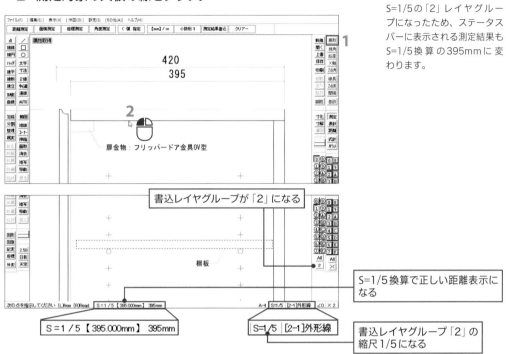

POINT

書込レイヤグループが S=1/5の「2」レイヤグループになったため、ステータスバーに表示される測定結果も S=1/5換算の395mmに変わります。

書込レイヤグループが「2」になる

S＝1／5 【395.000mm】 395mm

S=1/5換算で正しい距離表示になる

S=1/5 [2-1]外形線

書込レイヤグループ「2」の縮尺1/5になる

3 前ページの続きの次の点として、天板の右下角を右クリック

4 「クリアー」ボタンをクリック

POINT

続けて次の点を右クリックすることで、ひとつ前の点と**3**の点の距離と始点からの累計距離を測定できます。測定を終了するには「クリアー」ボタンをクリックします。

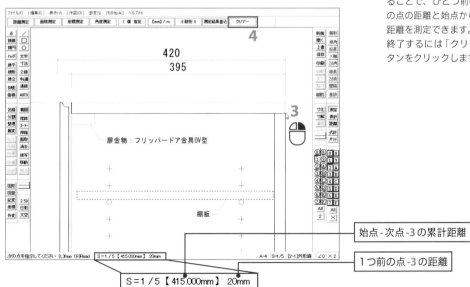

始点 - 次点 -**3**の累計距離

1つ前の点 -**3**の距離

S＝1／5 【415.000mm】 20mm

3 | 扉のガラス部分の面積を測定し、記入する

1 「属取」コマンドをクリック

2 測定対象のガラスの外形線をクリック

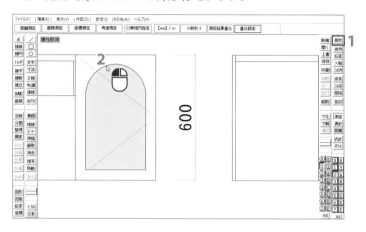

POINT

異なる縮尺の図を測定するため、測定対象を属性取得します。

3 「測定」コマンドの「面積測定」ボタンをクリック

4 測定の始点を右クリック

5 次点を右クリック

6 次点を右クリック

7 「（　弧指定」ボタンをクリック

8 円弧をクリック

POINT

ここでは**6**の点からつながる外形線が円弧のため、コントロールバー「（ 弧指定」ボタンをクリックして円弧を指示します。

書込レイヤグループが「1」になり、縮尺も1/20になる

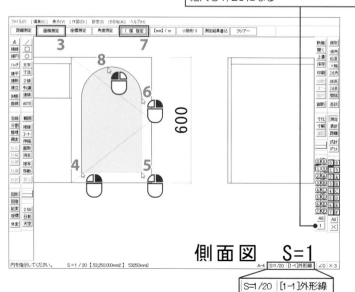

9 次点を右クリック

10 次点を右クリック

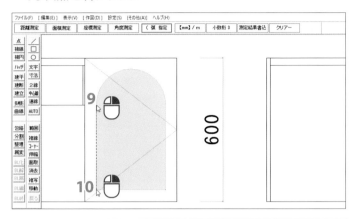

11「少数桁」ボタンを何度かクリックし、「少数桁０」にする

12「測定結果書込」ボタンをクリック

13 測定結果の記入位置をクリック

✏ **POINT**

測定結果を図面上に記入できます。記入する測定結果の文字種などの指定は、測定前にコントロールバー「書込設定」ボタンをクリックして指定します。

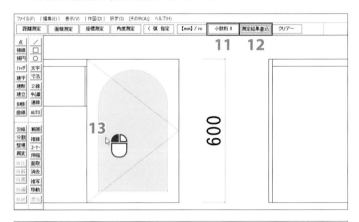

14「クリアー」ボタンをクリック

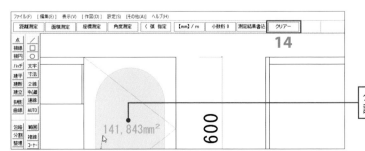

クリック位置に測定結果が記入される

4 | 扉の枠幅を測定する

1 「測定」コマンドのまま、「間隔」コマンドをクリック

2 基準線として扉の左辺をクリック

間隔取得と表示される

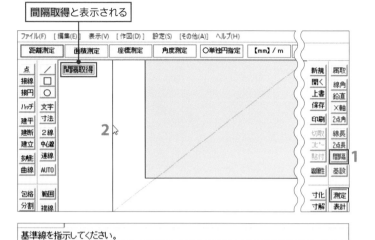

基準線を指示してください。

3 間隔測定の対象として、枠の線をクリック

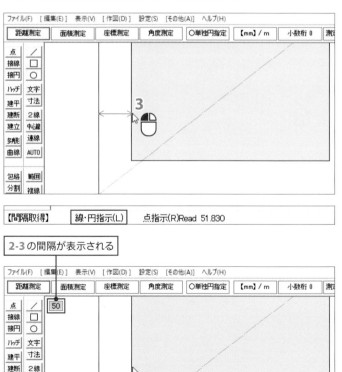

【間隔取得】　線・円指示(L)　点指示(R)Read 51.830

2-3 の間隔が表示される

POINT

「測定」コマンドには間隔を測定する機能はありませんが、「間隔」コマンドで測定できます。「間隔」(間隔取得) コマンドは、2本の線または線と点の間隔を測定し、その数値を選択コマンドの「数値入力」ボックスに取得する機能です。「測定」コマンドのコントロールバーには「数値入力」ボックスはありませんが、作図ウィンドウ左上に測定結果が表示されます。

5 │ 円・円弧の半径を確認する

1 「測定」コマンドのまま、「属取」コマンドを3回クリック

2 測定対象の円弧をクリック

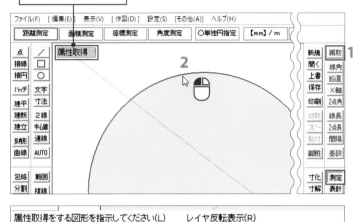

属性取得と表示される

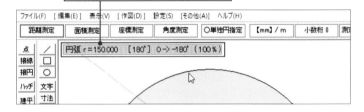

r=の後ろに円弧の半径が表示される

円弧 r=150.000　［180°］ 0→-180°（100％）

✎ **POINT**

「測定」コマンドには半径を測定する機能はありませんが、円の半径は「属取」コマンドで確認できます。「属取」コマンドを3回クリックすることで、属性取得の機能に加え、クリックした要素の情報を表示します。この機能は「測定」コマンドに限らず、他のコマンド選択時にも同様に利用できます。

AND MORE

「属取」×3で文字サイズを確認

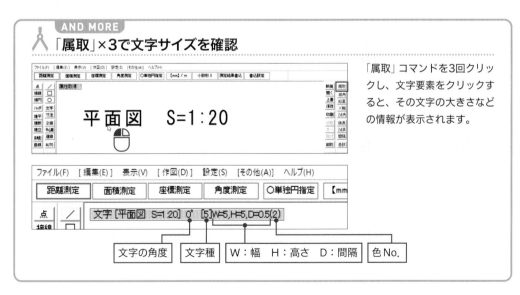

平面図　S=1:20

文字 [平面図　S=1:20] 0°　[5] W=5,H=5,D=0.5(2)

文字の角度　文字種　W:幅　H:高さ　D:間隔　色No.

「属取」コマンドを3回クリックし、文字要素をクリックすると、その文字の大きさなどの情報が表示されます。

レイヤと測定

189

7章の復習課題

Rev7.jww を開いて、下図のように表示状態の変更や寸法、面積の記入やハッチングを作図しよう。操作手順は各自に任せるけど、「属取」コマンドは必須だね。迷った時は赤枠のヒントとそのページを見てね。

Rev7.jww

壁芯を非表示にする (▶p.179)

寝室の面積を測定してm単位小数点以下2桁で記入 (▶p.186)

1線ハッチを図寸1mmで額縁と同じレイヤに作図 書込レイヤ以外を非表示(▶p.177)ハッチ(▶p.66)

高さの寸法と同じレイヤに引出線タイプ「＝(1)」で水平方向の寸法を記入 (▶p.146、151)

※上図の完成図をRev7完成図.jwwとして「07」フォルダーに収録しています。必要に応じて印刷してご利用ください。

CHAPTER 8

既存図面の
活用と変更

CAD図面では同じ図を
2度描く必要はない。
作図済の図を複写する、
大きさ変更して利用する等々
作図済みの図を活用する方法を
攻略しよう！

62 | 作図済みの図を複写

「複写」コマンドでは、範囲選択した複写対象をマウスでの指示や複写元からの距離を指定することで、複写します。

1 | 階段の1ステップをマウスで指示して複写する

1 「範囲」コマンドをクリック

2 複写対象の左上でクリック

3 選択範囲枠で複写対象を囲み、終点をクリック

✎ **POINT**

選択範囲枠内の文字要素を複写対象に含める場合は **2** で右クリック（文字を含む）します。この図では文字が存在しないため、クリック、右クリックのどちらでも結果は同じです。

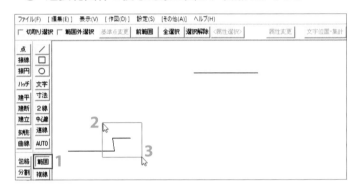

4 「基準点変更」ボタンをクリック

5 複写元の基準点として下図の端点を右クリック

6 「複写」コマンドをクリック

✎ **POINT**

複写先をマウスで指示するため **4**、**5** の操作を行い、複写元の基準点を指示します。複写元の基準点は、「複写」コマンド選択後に「基点変更」ボタンをクリックすることでも指示・変更できます。「複写」コマンドと「移動」コマンドは選択した対象を残すか否かが異なりますが、操作手順等は同じです。

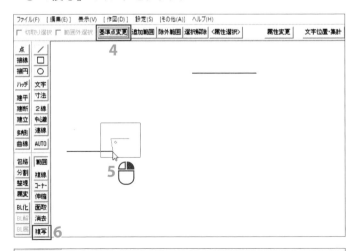

7 複写先として踏み面の右端点を右クリック

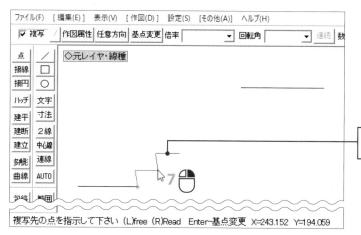

複写先の点を指示して下さい (L)free (R)Read Enter=基点変更 X=243.152 Y=194.059

✏️ POINT

作図ウィンドウの左上の◇元
レイヤ・線種は、複写元と同
じレイヤに同じ線色・線種で
複写されることを示します。

8 「連続」ボタンをクリック

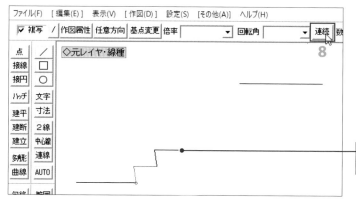

✏️ POINT

7の操作後、他のコマンドを
選択するまでは、次の複写先
を指示することで、同じ複写
要素（選択色の図）を続けて
複写できます。また、「連続」
ボタンをクリックすると、直
前の複写と同距離で同方向へ、
クリックした回数分、連続し
て複写します。

7の位置に基準点を合わせ
複写される

9 「連続」ボタンを必要な数だけクリック

**10 複写が完了したら、「／」コマンドをクリックして「複写」
コマンドを終了する。**

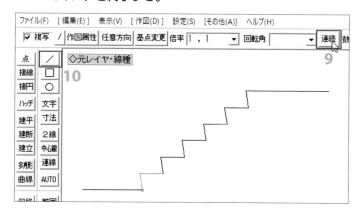

既存図面の活用

1 「範囲」コマンドで、椅子を範囲選択する

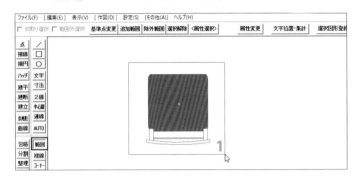

2 「複写」コマンドをクリック

3 「数値位置」ボックスに「700,0」を入力し、 Enter キーを押す

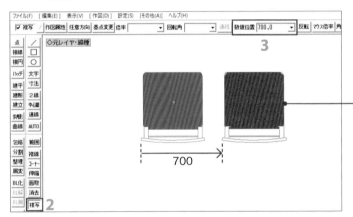

「数値位置」ボックスで指定した位置に仮表示される

4 「数値位置」ボックスに「-700,0」を入力し、 Enter キーを押す

5 「／」コマンドをクリックし、「複写」コマンドを終了する

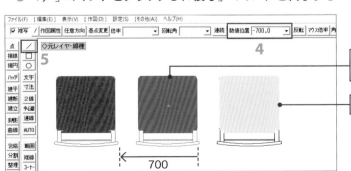

1で選択した椅子が複写元として選択色表示

3で指定した位置に複写される

3 | 椅子を60cm右に複写し、そこから75cm右に複写する

前ページの**1**～**2**を行う

3 「作図属性」ボタンをクリック

4 「【複写図形選択】」にチェックを付ける

5 「OK」ボタンをクリック

6 「数値位置」ボックスに「600,0」を入力し、Enter キーを押す

✏ POINT

「作図属性」ダイアログでは、複写時の各種設定を行います。ここで行った設定はJw_cadを終了するまで有効です。

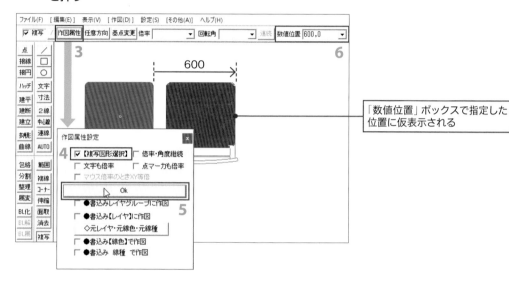

「数値位置」ボックスで指定した位置に仮表示される

7 「数値位置」ボックスに「750,0」を入力し、Enter キーを押す

8 「／」コマンドをクリックし、「複写」コマンドを終了する

✏ POINT

「作図属性」ダイアログで**4**のチェックを付けて複写したため、複写した椅子が次の複写元になり選択色で表示されます。「数値位置」ボックスには、この時点で選択色で表示されている椅子からの距離を入力します。

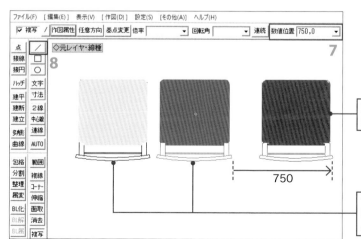

「数値位置」ボックスで指定した位置に仮表示される

1で選択した椅子は元の色に戻り、**6**で複写した椅子が複写元として選択色になる

既存図面の活用

63 | 作図済みの図を回転・反転複写

「複写」コマンドのコントロールバー「回転角」ボックスでの指示で回転複写を、「反転」ボタンでの指示で反転複写ができます。

1 | 椅子を円周上に30°で回転複写する

1 「範囲」コマンドで椅子を範囲選択する

2 「基準点変更」ボタンをクリック

3 複写元の基準点として円中心点を右クリック

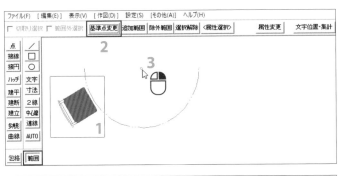

基準点を指示して下さい (L)free (R)Read

📐 **TIPS**

3で円中心に右クリックできる点がない場合は、右ドラッグ3時中心点・A点を利用します。▶p.123

4 「複写」コマンドをクリック

5 「回転角」ボックスに「30」を入力

6 複写先として、円中心点を右クリック

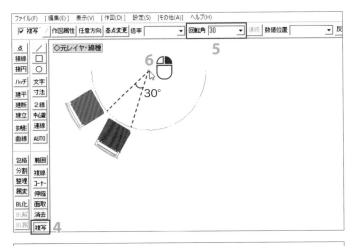

複写先の点を指示して下さい (L)free (R)Read　X=20.240 Y=-13.793

✏️ **POINT**

角度は、°単位で数値を入力するほか、既存線の角度などを「回転角」ボックスに取得（▶p.139）することもできます。

「回転角」ボックスで指定した角度でマウスポインタに従い仮表示される

7 「連続」ボタンを必要な回数クリック

8 「／」コマンドをクリックし、「複写」コマンドを終了する

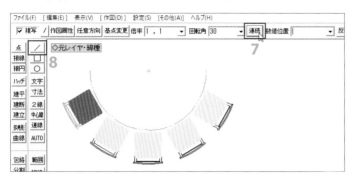

2 椅子と寸法を線対称に反転複写する

1 「範囲」コマンドで下図のようにを範囲選択する

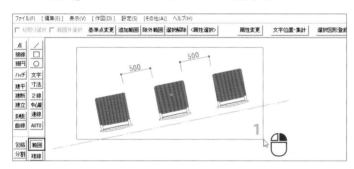

記入されている寸法が寸法図形かどうか分からない時は、文字も選択できるよう、範囲選択の終点は右クリックしておこう！

2 「複写」コマンドをクリック

3 「反転」ボタンをクリック

4 反転の基準線をクリック

5 「／」コマンドをクリックし、「複写」コマンドを終了する

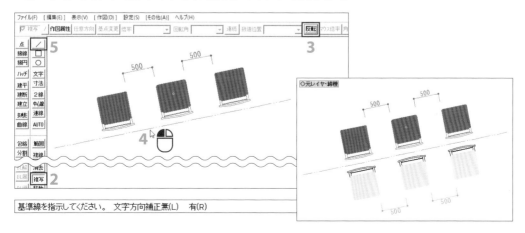

64 │ 指定した図を他の図面ファイルにコピー

図面の一部を他の図面ファイルにコピーするには「コピー」&「貼付」を利用します。「コピー」&「貼付」は、同一図面ファイル内や他の図面ファイルにコピーする機能です。

1　64A.jwwの平面図(S=1/50)を64B.jwwの敷地図 (S=1/100)にコピーする

1 コピー元図面「64A.jww」を開き、「範囲」コマンドをクリック

2 選択範囲枠で平面図全体を囲み、終点を右クリック

3 「基準点変更」ボタンをクリック

4 コピーの基準点として下図の角を右クリック

✏️ **POINT**

選択範囲枠内の文字要素をコピー対象に含めるため、**2**で終点を右クリック（文字を含む）します。

5 「コピー」コマンドをクリック

6 「開く」コマンドをクリックし、コピー先の図面「64B.jww」を開く

🔖 **TIPS**

5の操作により、選択した要素がWindowsのクリップボード（一時的にデータを保存する場所）にコピーされ、作図ウィンドウ左上に **コピー** と表示されます。Jw_cadはOLE対応していないため、ここでコピーした図を他のアプリケーションに貼り付けることはできません。

🔖 **TIPS**

6で「開く」コマンドでコピー先の図面を開きましたが、コピー元の図面を編集中のJw_cadを最小化し、もう1つJw_cadを起動し、そのJw_cadでコピー先の図面を開いても構いません。

7 コピー先の図面で「貼付」コマンドをクリック

8「作図属性」ボタンをクリック

9「文字も倍率」にチェックを付ける

10「◆元レイヤに作図」にチェックを付ける

11「OK」ボタンをクリック

POINT

左上に表示される●書込レイヤに作図は、仮表示されている貼付要素が書込レイヤに作図されることを示します。ここでは、元図面と同じレイヤ分けで作図するため**10**のチェックを付けます。「作図属性設定」ダイアログでの指定は、Jw_cadを終了するまで有効です。

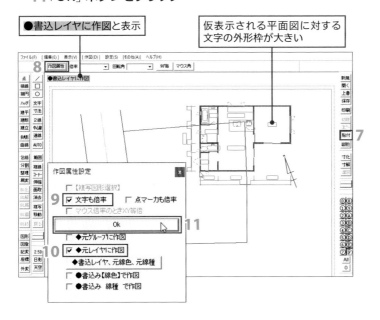

●書込レイヤに作図と表示

仮表示される平面図に対する文字の外形枠が大きい

POINT

「コピー」&「貼付」では、両者の図面の縮尺が異なる場合も元の図面の実寸を保ち、貼付先の縮尺に準じた大きさで貼り付けます。ただし、文字要素は図寸管理のため、大きさが変化しません。そのため、左図のように、平面図に対する文字の外形枠が大きく表示されます。文字要素の大きさも他の要素と同じ割合で変更するため、**9**のチェックを付けます。大きさ変更された文字の文字種は「任意サイズ」になります。

12 貼付先の点として、あらかじめ作図してある仮点を右クリック

13「／」コマンドをクリックして「貼付」コマンド終了する

POINT

12の操作後、他のコマンドを選択するまでは、次の貼付先を指示することで、同じコピー要素を続けて貼付できます。

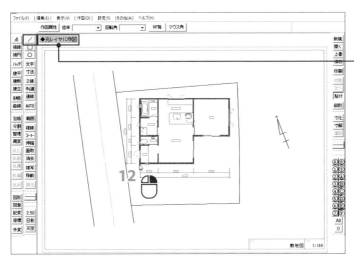

◆元レイヤに作図と表示

コピーされた平面図のレイヤ分けを「レイヤ一覧」で確認してね。ちなみにレイヤ名はコピーされないよ。

【図形】の複写位置を指示してください (L)free (R)Read

既存図面の活用

65 ｜ 作図済みの図を図形登録して利用する

多くの図面で共通して利用できる建具や家具を図形ファイル（*.jws）として登録しておくことで、作図中の図面に簡単に配置できます。

1　図形とは

　独自に作図した図を図形ファイル（*.jws）として登録できます。図形は、登録時の線色・線種・レイヤ、基準点情報を持ち、実寸で管理されます。そのため、作図時の縮尺に関係なく、配置した図面の縮尺に準じた実寸で配置されます。

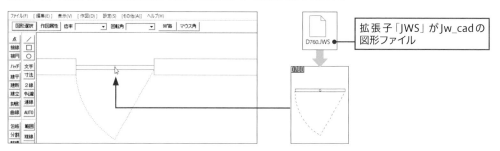

拡張子「JWS」がJw_cadの
図形ファイル

2　曲線属性を確認する

1　65A.jwwを開き、「消去」コマンドをクリック

2　引違戸の線を右クリック

3　開き戸の線を右クリック

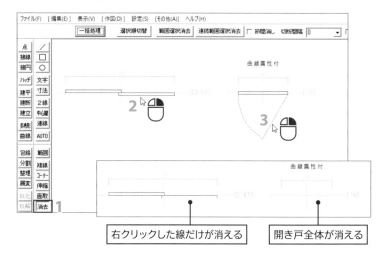

右クリックした線だけが消える　　開き戸全体が消える

POINT

曲線属性とは、複数の要素をひとまとまりとして扱う性質です。曲線属性が付いていない引違戸は右クリックした線のみが消去されますが、曲線属性が付いた開き戸では、右クリックした線だけでなく、開き戸全体が消去されます。図面に配置した建具や家具を消す際、このような性質を持っていると便利なため、ここでは、曲線属性を付けたうえで、図形登録する方法を紹介します。「戻る」コマンドで消す前の状態に戻してください。

3 引き違い戸に曲線属性を付加する

1 「範囲」コマンドをクリック

2 選択範囲枠で引違戸を囲み、終点をクリック

3 「属性変更」ボタンをクリック

4 「曲線属性に変更」にチェックを付ける

5 「OK」ボタンをクリック

POINT

選択範囲枠内の文字要素も対象に含める場合は2で終点を右クリック（文字を含む）します。

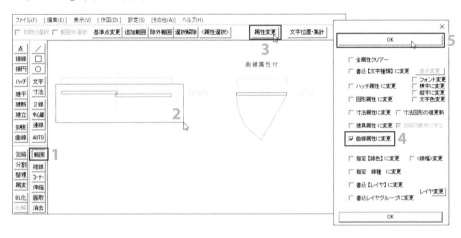

4 建具を図形登録する

1 「図登」コマンドをクリック

2 選択範囲枠で引違戸を囲み、終点をクリック

3 「選択確定」ボタンをクリック

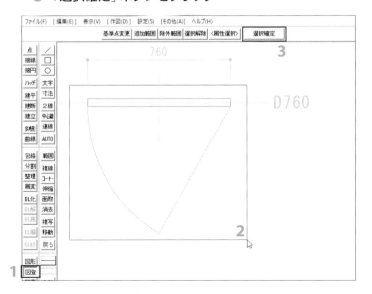

POINT

「図登」（図形登録）コマンドは、選択した要素に基準点を指定し、名前を付けて図形として登録します。図形は実寸法で登録されます。

POINT

選択範囲枠内の文字要素も対象に含める場合は2で終点を右クリック（文字を含む）します。

TIPS

ここでは選択範囲枠で囲むことで片開き戸を選択しましたが、この片開き戸のように曲線属性を付加している場合は、2でその一部の線を右クリック（連続線選択）することでも選択できます。

既存図面の活用

4 基準点として、下図の交点を右クリック

5 「図形登録」ボタンをクリック

POINT

2 で選択した際に自動的に基準点が決まり、その位置に赤い〇が仮表示されます。その赤い〇の位置を図形の基準点にする場合には 4 の操作は不要です。

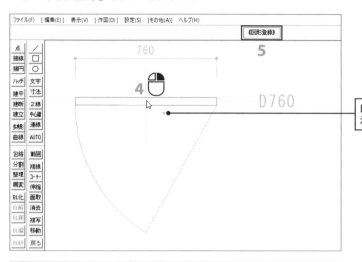

自動的に決められた基準点を示す赤い〇

6 「jw_wb」フォルダーをダブルクリック

7 「jw_wb」フォルダー下に表示される「《図形》練習」フォルダーをクリック

8 「新規」ボタンをクリック

9 「名前」ボックスに「D760」を入力

10 「OK」ボタンをクリック

POINT

7 では、図形ファイルの登録先フォルダーを選択します。

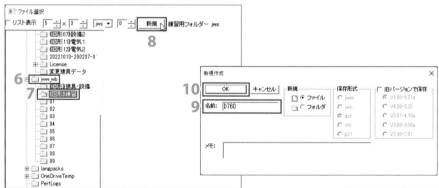

11 同様にして、引違戸を中央の点線との交点を基準点として、名前「SD1670」で登録する

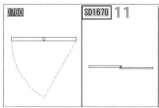

5 | 登録した図形を他の図面65B.jwwに配置する

1 65B.jwwを開き、「図形」コマンドをクリック

2 「jw_wb」フォルダー下の「《図形》練習」フォルダーを
クリック

3 図形「SD1670」をダブルクリック

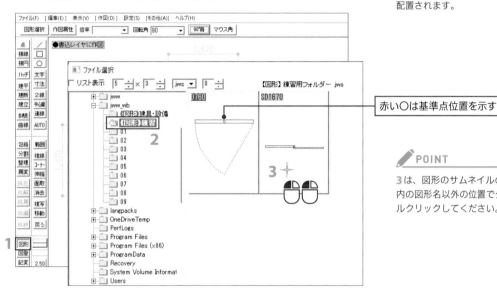

赤い○は基準点位置を示す

POINT

「図形」コマンドは、選択した図形を作図中の図面に配置します。図形は配置する図面の縮尺に関わらず、実寸法で配置されます。

POINT

3は、図形のサムネイルの枠内の図形名以外の位置でダブルクリックしてください。

4 開口中心の仮点を右クリック

基準点をマウスポインタに合わせ
選択した図形が仮表示される

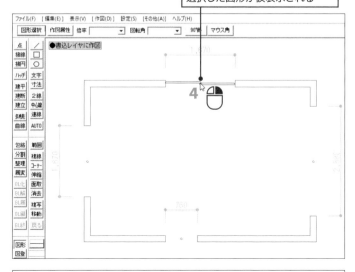

【図形】の複写位置を指示してください (L)free (R)Read

POINT

図形は、通常、配置時の書込レイヤに、登録時の線色・線種で作図されます。作図ウィンドウ左上の●書込レイヤに作図の表示は、図形が書込レイヤに作図されることを示します。

既存図面の活用

6 | 続けて、同じ図形を90°傾けて配置する

1 「90°毎」ボタンをクリック

2 開口中心の仮点を右クリック

「回転角」ボックスが「90」になり、
マウスポインタの図形も90°傾く

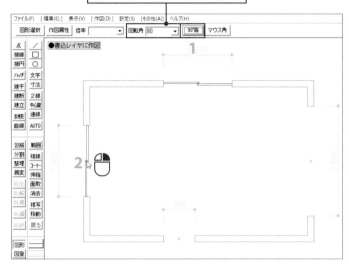

POINT

コントロールバー「図形選択」ボタンをクリックして他の図形を選択するか、他のコマンドを選択するまで、マウスポインタに同じ図形が仮表示され、位置を指示することで、続けて同じ図形を配置できます。

POINT

「90°毎」ボタンをクリックする都度、「回転角」ボックスの数値を90°→180°→270°→空白(0°)に切り替えます。「回転角」ボックスの角度は、図形登録時の状態(図形の「ファイル選択」ダイアログでのサムネイル)を0°とします。

7 | 続けて、同じ図形の幅を変えて配置する

1 「倍率」ボックスに「2580/1670, 1」を入力

2 開口中心の仮点を右クリック

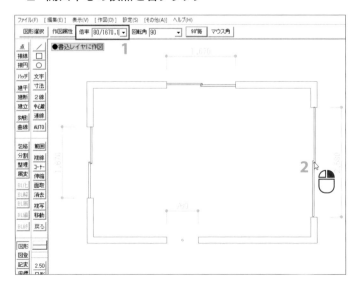

POINT

「倍率」ボックスに登録時の図形を「1」として「横, 縦」の倍率を「,」(カンマ)で区切って入力することで、図形の大きさを変更して配置します。ここでは、引違戸の幅(横)を2580÷1670倍し、厚み(縦)は変更しないので、「2580/1670, 1」を入力します。数値入力ボックスには計算式を入力できます(▶p.48)

8 別の図形を左右反転して配置する

1 「図形選択」ボタンをクリック

2 別の図形「D760」をダブルクリック

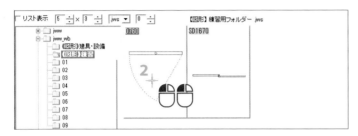

3 「倍率」ボックスの▼をクリックし、リストから「-1,1」
をクリック

4 「90°毎」ボタンを右クリック

5 開口中心の仮点を右クリック

6 「／」コマンドをクリックして「図形」コマンドを終了する

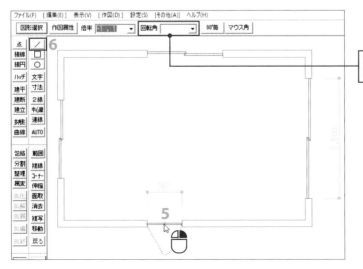

POINT

「倍率」「回転角」ボックスに
は直前に配置した図形の指定
が残っています。「倍率」ボッ
クスに「-1,1」を指定すると
図形が左右反転されます。
「1,-1」を指定すると上下反
転になります。

POINT

「90°毎」ボタンを右クリック
すると、クリックした時とは
逆回りの90°毎に「回転角」
ボックスの数値が切り替わり
ます。

「回転角」ボックスが空白（0°）
になる

66 | レイアウトを整えるため図を移動する

「移動」コマンドは、範囲選択した移動対象をマウス指示や移動元からの距離を指定することで、移動します。その操作手順は「複写」コマンドと同様です。

1 | 正面図の底辺が側面図の底辺に揃うよう移動する

1 「範囲」コマンドをクリック

2 選択範囲枠で正面図を囲み、終点を右クリック（文字を含む）

3 「基準点変更」ボタンをクリック

4 移動元の基準点として左下角を右クリック

5 「移動」コマンドをクリック

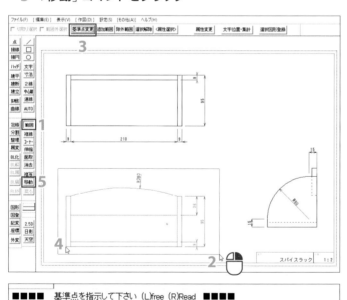

6 「任意方向」ボタンをクリック

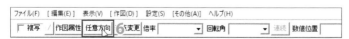

7 「X方向」ボタンをクリック

X方向になる

POINT

「任意方向」ボタンをクリックするとその都度、「X方向」（横方向固定）→「Y方向」（縦方向固定）→「XY方向」（横または縦の移動距離の多い方向に固定）→「任意方向」（固定なし）に切り替わります。「Y方向」では移動方向を縦方向に固定します。

8 移動先として、側面図の底辺の端点を右クリック

Y方向になる

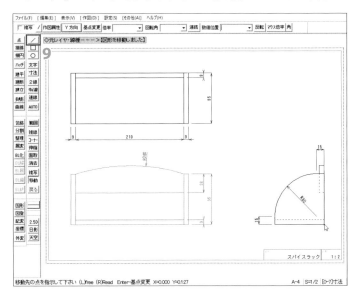

移動方向が縦方向に固定される

「X方向」「Y方向」での方向固定は、「複写」コマンドでも使えるよ

移動先の点を指示して下さい (L)free (R)Read Enter~基点変更 X=0.000 Y=37.554

9 「／」コマンドをクリックして「移動」コマンドを終了する

移動先の点を指示して下さい (L)free (R)Read Enter~基点変更 X=0.000 Y=0.127　　A-4 S=1/2 [0-7]寸法

✏ POINT

8の操作後、他のコマンドを選択するまでは、次の移動先を指示することで、同じ移動要素（選択色の図）を続けて移動できます。ただし、倍率や回転角を指定して移動した場合には、さらに同じ倍率をかけ（またはさらに同じ角度回転して）移動されます。

再度、移動先を指示して移動し直すことができるけど、倍率や回転角を指定してる場合には要注意だよ

67 | 既存図の線色・線種・レイヤを変更する

個別に線色・線種・レイヤを変更する場合は「属変」コマンドを、複数の要素の線色・線種・レイヤなどを一括して変更する場合は「範囲」コマンドの「属性変更」を使用します。

1 | 図名欄の区切り線を線色6・点線に変更する

1 「属変」コマンドをクリック

2 書込線を「線色6・点線3」にする

3 「書込みレイヤに変更」のチェックを外す

4 変更対象の線をクリック

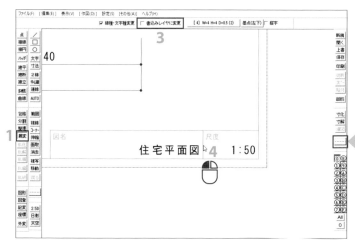

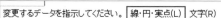
変更するデータを指示してください。 線・円・実点(L) 文字(R)

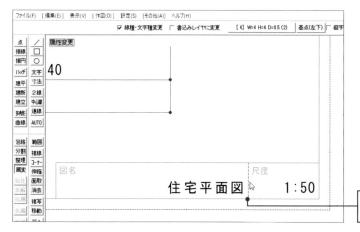

🖊 POINT

「属変」(属性変更) コマンドは、線・円・実点などの線色・線種・レイヤや文字の文字種・フォント・レイヤを個別に変更します。ここでは、作図レイヤは変更しないよう、「書込みレイヤに変更」のチェックを外しました。

🖊 POINT

寸法図形 (▶p.162) の寸法線をクリックした場合、下図のメッセージが表示され、属性変更はされません。寸法図形の寸法線は次ページの方法で変更します。

4でクリックした線が書込線色・線種に変更される

2 | 平面図すべてを線色1に変更する

1 「範囲」コマンドをクリック

2 選択範囲枠で平面図を囲み終点を右クリック

3 「属性変更」ボタンをクリック

4 「指定【線色】に変更」をクリック

5 「線属性」で「線色1」をクリック

6 「OK」ボタンをクリック

📝 **POINT**

「範囲」コマンドの「属性変更」では選択した要素の線色・線種・レイヤやその他属性を変更します。

🔧 **TIPS**

さらに「書込【レイヤ】に変更」にチェックを付けると、線色変更とともにレイヤを変更できます。

7 「指定【線色】に変更」にチェックが付いたことを確認し、「OK」ボタンをクリック

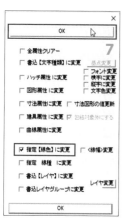

家具以外の線・円・実点要素が線色1になる

線色1に変更されない

📝 **POINT**

4 の指定では文字の色は変更されません。文字の色も変更するには「文字色変更」にもチェックを付けます。また、線色が変更されなかった家具は、ブロックです。ブロックのレイヤ変更はできますが、ブロック要素の線色・線種を変更することはできません。ブロックを分解（▶p.219）したうえで、再度、変更操作を行います。

既存図面の活用

3 ハッチ線だけを「8」レイヤに変更する

1 「範囲」コマンドをクリック

2 「全選択」ボタンをクリック

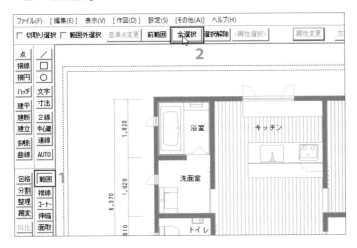

3 「＜属性選択＞」ボタンをクリック

4 「ハッチ属性指定」にチェックを付ける

5 「【指定属性選択】」にチェックが付いていることを確認。

6 「OK」ボタンをクリック

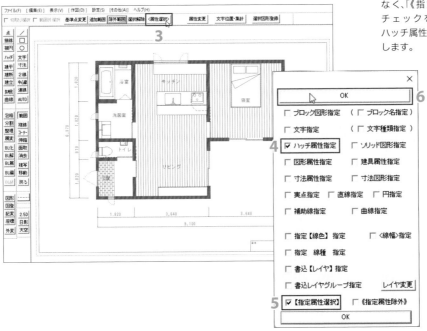

📝 **POINT**

「全選択」ボタンをクリックすると編集可能なすべての要素を選択します。ここでは、全ての要素を選択した後、その中からハッチ線だけを選択します。

📝 **POINT**

「属性選択」では、選択されている要素から、ダイアログで指定した条件に合った要素のみを選択します。Jw_cadの「ハッチ」コマンドで作図したハッチ線には、「ハッチ属性」が付いています。その他の属性については、p.32 AND MOREをご参照ください。

📐 **TIPS**

5の「【指定属性選択】」ではなく、「《指定属性除外》」にチェックを付けた場合は、ハッチ属性の要素のみを除外します。

7 「8」レイヤボタンを右クリックして書込レイヤにする

8 「属性変更」ボタンをクリック

9 「書込【レイヤ】に変更」にチェックを付ける

10 「OK」ボタンをクリック

POINT

ハッチ線のみが選択色になり、他の要素は除外され元の表示色に戻る。

ハッチ線のみが選択色になる

レイヤバーのレイヤボタン上のバーから、「0」レイヤに全ての要素が作図されていることがわかる

11 書込レイヤ「8」を右クリック

12 「レイヤ一覧」ウィンドウで、ハッチ要素のレイヤが「8」に変更されたことを確認する

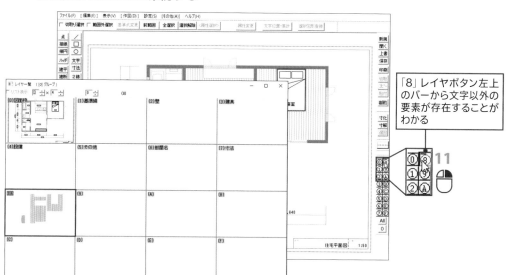

「8」レイヤボタン左上のバーから文字以外の要素が存在することがわかる

既存図面の活用

68 | 作図済みの図の大きさを変更

「移動」コマンドで図全体の大きさを同じ割合で変更する方法と「パラメ」コマンドで、図の一部分の長さを変更する方法があります。

1 | 表全体を0.7倍の大きさに変更する

1 「範囲」コマンドをクリック

2 選択範囲枠で表全体を囲み終点を右クリック（文字を含む）

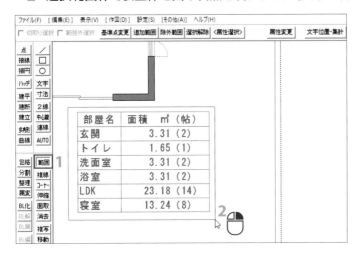

✎ **POINT**

「倍率」ボックスには、移動元の大きさを「1」として、「横の倍率，縦の倍率」を「,」（カンマ）で区切って入力します。**4**のように、1数だけを入力した場合は、横と縦に同じ倍率を指定したことになります。

3 「移動」コマンドをクリック

4 「倍率」ボックスに「0.7」を入力

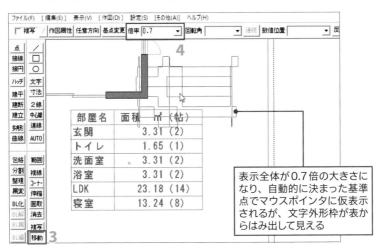

表示全体が0.7倍の大きさになり、自動的に決まった基準点でマウスポインタに仮表示されるが、文字外形枠が表からはみ出して見える

✎ **POINT**

4の指定により表の枠は0.7倍になりますが、図寸管理されている文字要素の大きさは変化しません。このまま移動先をクリックすると下図のように、文字が表からはみ出してしまいます。

文字要素の大きさも他の要素と同じ割合で変更するため、**5**〜**7**の操作を行います。

5 「作図属性」ボタンをクリック

6 「文字も倍率」にチェックを付ける

7 「OK」ボタンをクリック

POINT

「文字も倍率」にチェックを付けることで、移動対象の文字要素も他の要素と同じ割合で大きさ変更されます。大きさ変更された文字の文字種は「任意サイズ」になります。「作図属性設定」ダイアログでの指定は、Jw_cadを終了するまで有効です。

8 移動先をクリック

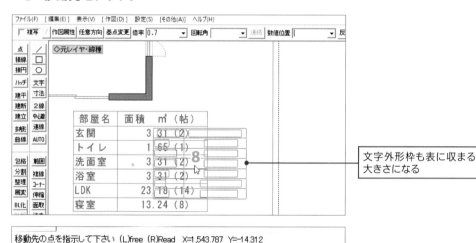

文字外形枠も表に収まる大きさになる

9 「／」コマンドをクリックして「移動」コマンドを終了する

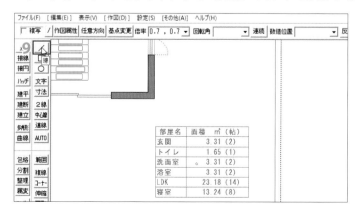

1 「パラメ」(パラメトリック変形) コマンドをクリック

2 始点として下図の位置でクリック

3 選択範囲枠で下図のように囲み終点を右クリック (文字を含む)

POINT

「パラメ」(パラメトリック変形) コマンドは、図の一部の線を伸び縮みさせることで図全体の長さ（幅・奥行・高さ等）を変更します。選択範囲枠が伸縮する壁にかかるように囲みます。

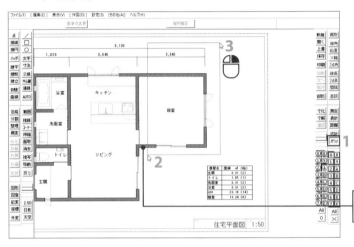

この壁に選択範囲枠が
交差するように

選択範囲の終点を指示して下さい (L)文字を除く (R)文字を含む

4 「選択確定」ボタンをクリック

POINT

選択範囲枠に全体が入る要素が選択色で、片方の端点が入る線要素が選択色の点線で表示されます。以降の指示で選択色の要素が移動し、それに伴い選択色の点線で表示された線が伸び縮みします。

選択範囲枠に片端点が入る線は
選択色の点線になる

5 「数値位置」ボックスに「910,0」を入力し、[Enter] キーを押す

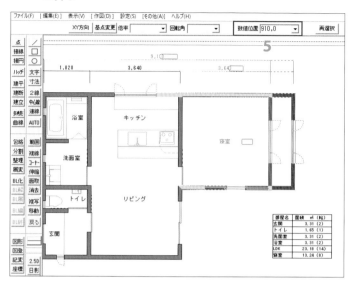

位置を確定して下さい。マウス(L) または [Enter]

6 「再選択」ボタンをクリック

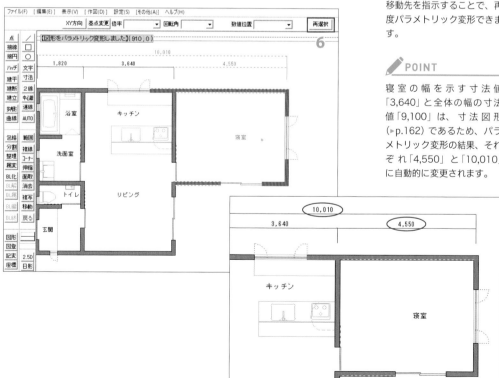

POINT

「数値位置」ボックスに移動距離を「X，Y」の順に「,」(カンマ) で区切って入力します。右、上への距離は＋ (プラス) 値で、左、下への距離は− (マイナス) 値で入力します。ここでは、上下には動かさず、右に910mm移動するため「910,0」と入力します。

POINT

コントロールバー「再選択」ボタンをクリックするか他のコマンドを選択するまでは、移動先を指示することで、再度パラメトリック変形できます。

POINT

寝室の幅を示す寸法値「3,640」と全体の幅の寸法値「9,100」は、寸法図形 (▶p.162) であるため、パラメトリック変形の結果、それぞれ「4,550」と「10,010」に自動的に変更されます。

既存図面の活用

215

69 | 縮尺の変更

縮尺変更は作図完了後や作図途中でも行えます。縮尺変更には、実寸を保って変更する「実寸固定」と図寸を保って変更する「図寸固定」があります。

1 | S＝1/50の図を1/100に変更する

1 69A.jwwを開き、「縮尺」ボタンをクリック

2 「実寸固定」が選択されていることを確認し、「文字サイズ変更」にチェックを付ける

3 「縮尺」の「分母」ボックスの数値を「100」に変更する

4 「OK」ボタンをクリック

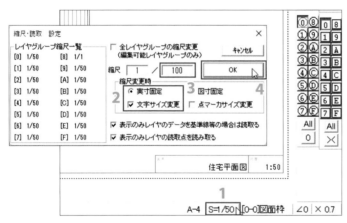

POINT

「実寸固定」では作図済み要素の実寸を保ち、用紙中央を原点として縮尺変更します。ただし、図寸管理の文字の大きさは変更されません。「文字サイズ変更」にチェックを付けることで、縮尺変更時に文字の大きさも同じ割合で変更されます。大きさ変更された文字の文字種は「任意サイズ」になります。

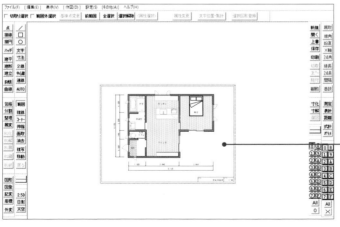

POINT

縮尺変更は作図・編集操作ではないため、「戻る」コマンドで戻すことはできません。変更前の縮尺に戻すには再度、縮尺変更を行ってください。

用紙中央を原点として図面の縮尺が1/100に変更される

2 S＝1/1のA4図面枠をS＝1/50で利用する

1 69B.jwwを開き、「縮尺」ボタンをクリック

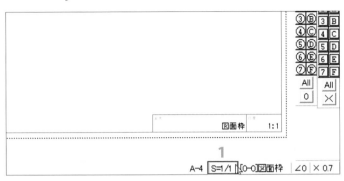

2 「図寸固定」を選択

3 「縮尺」の「分母」ボックスの数値を「50」に変更する

4 「OK」ボタンをクリック

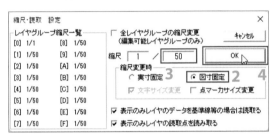

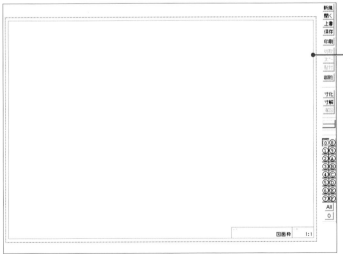

用紙に対する図面枠の
大きさは変わらない

A-4　S=1/50　[0-0]図面枠　∠0　× 0.7

縮尺のみがS=1/50に変更される

POINT

「図寸固定」では作図済み要素
の用紙に対する大きさ（図寸）
はそのままに、縮尺のみを変
更します。そのため、作図済
み要素の実寸が変わります。

POINT

ここでは既存の図面の縮尺を
変更する方法を説明しました
が、これから作図する図面の
縮尺を設定する場合も手順は
同じです。その場合、「実寸固
定」「図寸固定」のどちらが選
択されていても違いはありま
せん。

既存図面の活用

70 ひとまとまりの要素の分解

複数の要素をひとまとまりとした複合要素として、ブロック、曲線属性、グループ、寸法図形があり、それぞれ異なる性質を持ち、その分解方法も異なります。

1 ひとまとまりの要素とその見分け方

1 「消去」コマンドをクリック

2 **3**、**4**、**5** 下図のそれぞれの線を右クリック

6 「戻る」コマンドを必要な回数クリックして元に戻す

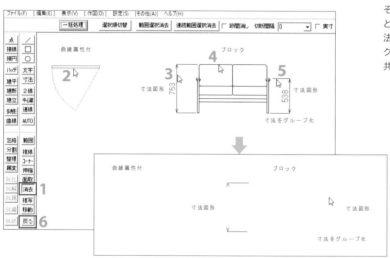

> **POINT**
>
> 複数の要素をひとまとまりとした曲線属性、ブロック、グループでは「消去」コマンドでその一部を右クリックすることで全体が消去されます。寸法図形では、その寸法線を右クリックするとその寸法値も共に消去されます（▶p.162）。

7 「コーナー」コマンドをクリック

8 **9**、**10**、**11** 下図のそれぞれの線をクリックし、表示されるメッセージを確認

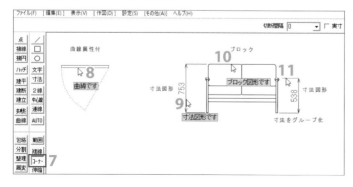

> **POINT**
>
> どの種類の複合要素なのかは、「コーナー」コマンドで線をクリックした際に表示されるメッセージで確認できます。ただし、**11**でクリックしたグループ化された線は「コーナー」コマンドで扱えるため、何もメッセージは出ません。

2 │ 曲線属性、グループ要素を分解する

1 「範囲」コマンドをクリック

2 分解対象の要素を右クリック

3 「属性変更」ボタンをクリック

4 「全属性クリアー」にチェックを付ける

5 「OK」ボタンをクリック

✎ **POINT**

曲線属性が付加された要素、グループ化された要素は右クリックで選択できます。

✎ **POINT**

曲線属性が付加された要素とグループ化された要素は1〜5の操作で分解できます。4の指示により、曲線属性以外の属性（図形属性、寸法属性など）もすべてクリアーされます。

▶ **TIPS**

寸法図形の分解方法については、p.163を参照してください。

3 │ ブロックを分解する

1 「範囲」コマンドをクリック

2 分解対象のブロックを右クリック

3 「BL解」（ブロック解除）コマンドをクリック

✎ **POINT**

ブロックは右クリック（連続線選択）で選択できます。

✎ **POINT**

ブロックは多重構造になっている場合があります。1回のブロック解除操作では、最上層のブロックが解除されます。図面上のブロックをすべて解除するには、2で「全選択」をクリックして図面全体を対象にします。ブロック解除後、基本設定の「一般（1）」タブの最下行（▶p.28）でブロック数を確認し、すべてのブロックがなくなるまでブロック解除操作を繰り返します。

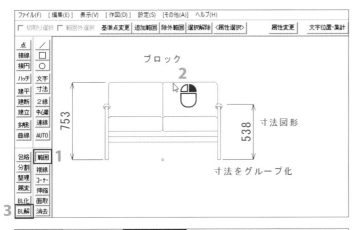

既存図面の活用

219

8章の復習課題

Rev8.jwwを開いて、下図のように変更しよう。操作手順は各自に任せるけど、迷った時は赤枠のヒントとそのページを見てね。

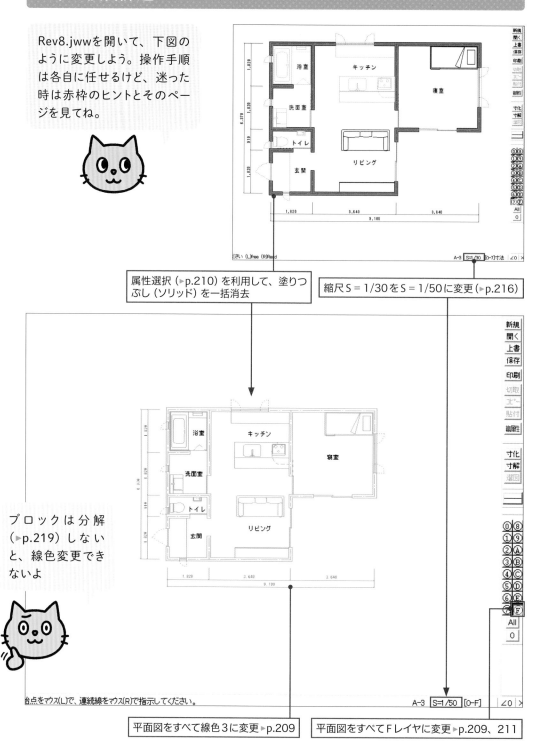

属性選択（▶p.210）を利用して、塗りつぶし（ソリッド）を一括消去

縮尺 S＝1/30 を S＝1/50 に変更（▶p.216）

ブロックは分解（▶p.219）しないと、線色変更できないよ

平面図をすべて線色3に変更 ▶p.209

平面図をすべてFレイヤに変更 ▶p.209、211

CHAPTER **9**

作図演習

これまで習得した
機能を使って
簡単な図面を描いてみよう！

71 | 図面枠を作図

A4用紙にS＝1:1で下図の図面枠を作図します。この図面枠は、「72」「73」で利用するため、線色毎の印刷線幅、文字サイズ、寸法設定を行い、「A4図面枠.jww」として保存します。

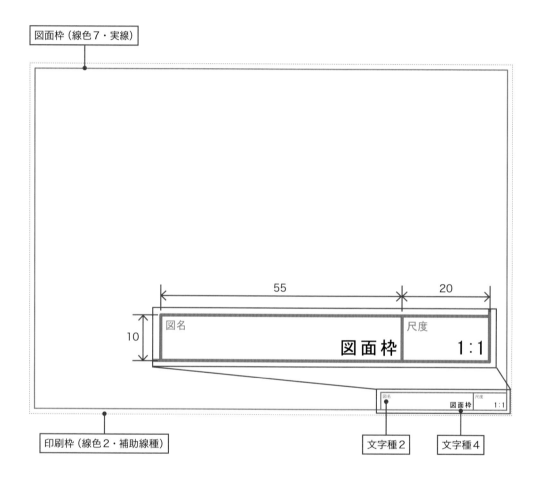

印刷可能な範囲を示す印刷枠の大きさは、設定した用紙サイズより小さいし、プリンター機種によっても違う。作図した図面枠が印刷枠からはみ出すようでは困るよねぇ？

そこで！はじめに印刷枠を補助線種で作図したうえで、その内側に図面枠を作図するよ。

1 縮尺を1/1、用紙サイズをA4に設定する

1 縮尺を1/1に設定（▶p.216）する

2 「用紙サイズ」ボタンをクリック

3 表示されるリストの「A-4」をクリック

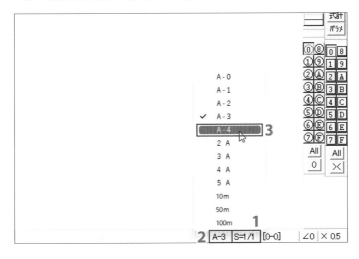

POINT

設定できる用紙サイズは、リストの12種類で、すべて横置きです。「2A」は「A0」の2倍、「3A」は「2A」の2倍のサイズ。「10m」「50m」「100m」は用紙の横寸法を示します。用紙サイズは、作図途中でも変更できます。

TIPS

リストにないBサイズやAサイズ縦置きなどに作図・印刷するには、使う用紙よりも大きいサイズに用紙サイズを設定します。そのうえで、次項「2　A4横の印刷枠を補助線種で作図する」の**3**で使う用紙（BサイズやA3縦など）を選択し、その用紙の印刷枠を作図して、その枠内に図面を作図します。

2 A4横の印刷枠を補助線種で作図する

1 「書込線」を「線色2・補助線種」にする（▶p.42）

2 「印刷」コマンドを選択

3 「プリンターの設定」ダイアログで「プリンター名」を確認し、用紙サイズを「A4」、印刷の向きを「横」にして「OK」ボタンをクリック

POINT

同じA4用紙の設定でも、実際に印刷できる範囲はプリンター機種により多少異なります。手持ちのプリンターで印刷可能な範囲を把握するため、あらかじめ補助線種で印刷可能な範囲を示す印刷枠を作図しておきます。

作図演習

4 「0」レイヤが書込レイヤであることを確認し、コントロールバー「枠書込」ボタンをクリック

5 「／」コマンドを選択し、「印刷」コマンドを終了する。

✏ **POINT**

作図ウィンドウに表示される赤い印刷枠が**3**で確認したプリンターの印刷可能範囲です。「枠書込」ボタンをクリックすると、この枠が書込レイヤに書込線色・線種で作図されます。

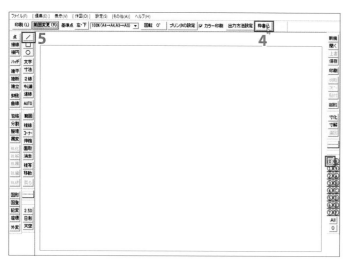

3 | 印刷枠から3mm内側に図面枠を作図する

1 「書込線」を「線色7・実線」にする

2 「複線」コマンドを選択し、連続線選択（▶p.55）を利用して印刷枠から3mm内側に図面枠を作図する

3 右下に下図の寸法で記入欄を作図する

✏ **POINT**

3の記入欄の作図は、どのコマンドを使って作図しても構いません。「□」コマンドを使って作図した場合には、重複した線を1本にする「連結整理」（▶p.111）も行ってください。

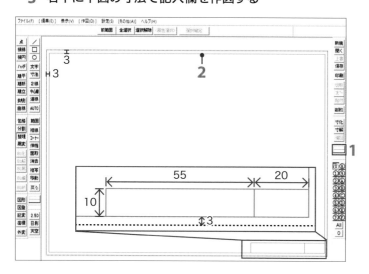

1 「基設」コマンドをクリック

2 「色・画面」タブをクリック

3 「線幅を1/100mm単位とする」「実点を指定半径（mm）でプリンタ出力」にチェックを付ける

4 「線幅」「点半径」を右表のように指定する

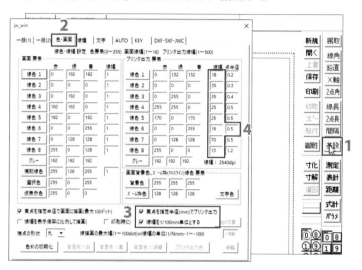

POINT

「jw_win」ダイアログ-「色・画面」タブの線色ごとの設定は、JWWファイルに保存されます。現在は、この図面枠作図をする前に開いていたファイルの設定になっています。ここでは、以降の作図演習で作図する図面に共通する以下の設定にします。

		幅 mm	入力値
線色1	細線	0.18	18
線色2、線色3	太線	0.35	35
線色4、線色5	中線	0.25	25
線色6	細線、実点	0.18 0.5	18
線色7	極太線	0.7	70
線色8	極細線	0.13	13

1 「jw_win」ダイアログの「文字」タブをクリック

2 各文字のサイズ、色が下図の設定になっていることを確認し、設定が異なる場合は、下図の設定に変更する

3 「OK」ボタンをクリック

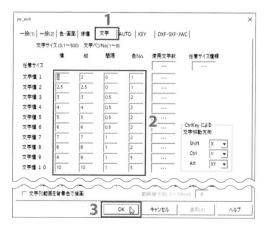

POINT

「jw_win」ダイアログ「文字」タブの設定は、JWWファイルに保存されます。現在は、この図面枠作図をする前に開いていた図面ファイルの設定になっています。記入欄の文字を記入する前に設定を確認し、必要に応じて変更します。

作図演習

6 | 記入欄の文字を記入する

1 「文字」コマンドを選択

2 文字種2で「図名」「尺度」を下図の位置に記入する

3 文字種4で「図面枠」「1：1」を下図の位置に記入する

POINT

書込文字種を指定（▶p.134）し、2の文字は基点を左上（ずれ使用有効）、3の文字は基点を右下（ずれ使用有効）（▶p.137）として記入します。

7 | 寸法の各種設定を指定する

1 「寸法」コマンドをクリック

2 コントロールバー「設定」ボタンをクリック

3 文字種類を「4」、寸法線色、引出線色、矢印・点色を「6」とする

4 「寸法線と値を【寸法図形】にする…」にチェックを付ける

5 「OK」ボタンをクリック

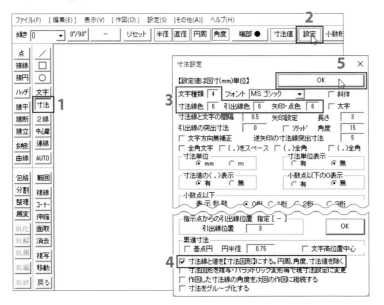

POINT

「寸法設定」ダイアログの大部分の設定はJWWファイルに保存されます。現在は、図面枠作図をする前に開いていたファイルの設定になっています。

8 | レイヤ名を設定する

1 レイヤバーの書込レイヤボタンを右クリックし、「レイヤ一覧」ウィンドウを開く。

2 「0」レイヤ、「1」レイヤ、「7」レイヤにそれぞれ、レイヤ名「図面枠」「基準線」「寸法」を設定する

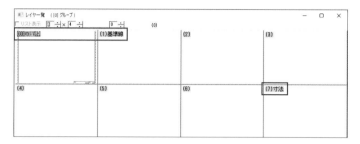

POINT

レイヤ名もJWWファイルに保存されます。ここでは、以降の作図演習図面で共通するレイヤ名のみを設定します。レイヤ名の設定▶p.174

9 | ファイル名を「A4図面枠」として、「09」フォルダーに保存する

1 「保存」コマンドを選択

2 「ファイル選択」ダイアログのフォルダーツリーで、保存先として「jww_wb」フォルダー下の「09」フォルダーをクリック

3 「新規」ボタンをクリック

4 「新規作成」ダイアログの「名前」ボックスにファイルの名前として「A4図面枠」を入力する

5 「OK」ボタンをクリック

POINT

ファイル名を日本語（全角文字）で入力する場合は、キーボードの「半角／全角」キーを押して日本語入力を有効にします。

POINT

保存した「A4図面枠.jww」には、A4用紙用の図面枠と共に、ここで設定した線色ごとの印刷線幅、文字種ごとのサイズ、寸法設定、レイヤ名も保存されます。

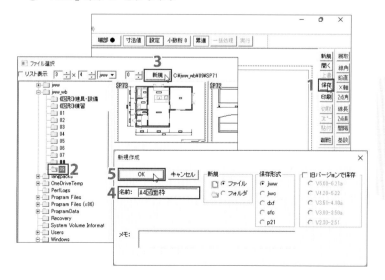

次回からは、この「A4図面枠.jww」を開いて利用すれば、同じ設定で図面を描けるよ。いわば、テンプレートのようなものだね。

作図演習

72 | スパイスラックの三面図を作図

「1図面枠を作図する」で作図・保存した「A4図面枠.jww」を開き、「スパイスラック.jww」として保存したうえで、S=1:2で下図のスパイスラックの三面図を描きましょう。

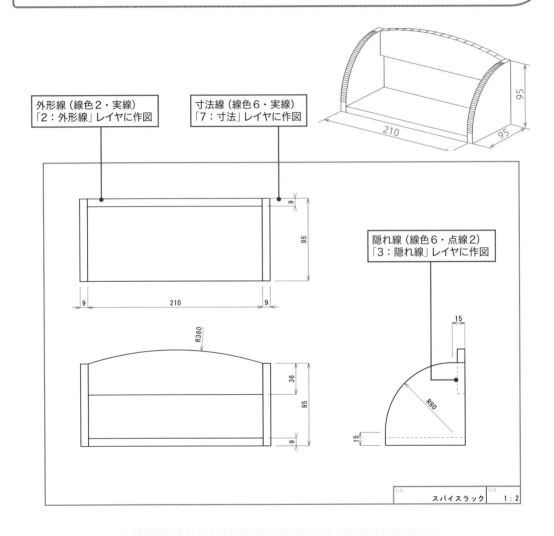

外形線（線色2・実線）
「2：外形線」レイヤに作図

寸法線（線色6・実線）
「7：寸法」レイヤに作図

隠れ線（線色6・点線2）
「3：隠れ線」レイヤに作図

図名	尺度
スパイスラック	1：2

完成図72S.jwwを印刷して手元に置いて始めよう。次ページに、ひとつの例として、おおまかな作図手順と参考ページなどのヒントを記載しているよ。どこから手を付けたらよいのか分からないという人は参考にしてみて！

必ずしも記載の方法で描く必要はないよ。自分にとって確実に作図できる方法で描けばいいよ。

おおまかな作図手順例とヒント

1 「A4図面枠.jww」を開き、縮尺、レイヤ名などの変更を行い、「スパイスラック.jww」として保存する

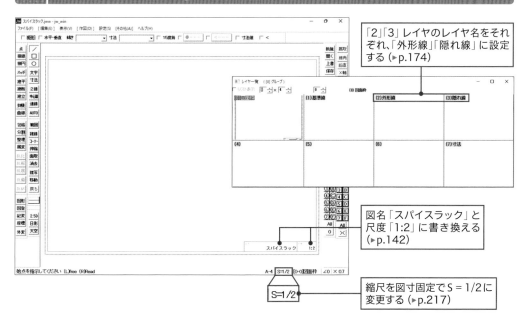

「2」「3」レイヤのレイヤ名をそれぞれ、「外形線」「隠れ線」に設定する（▶p.174）

図名「スパイスラック」と尺度「1：2」に書き換える（▶p.142）

縮尺を図寸固定でS＝1/2に変更する（▶p.217）

2 「2：外形線」レイヤに平面図を作図し、正面図の底辺、側面図の底辺を作図する

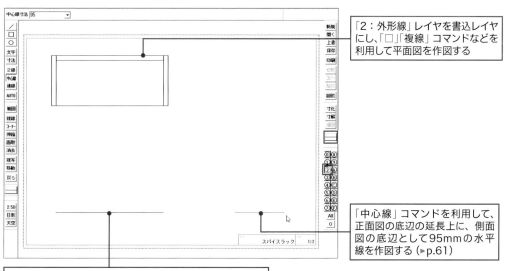

「2：外形線」レイヤを書込レイヤにし、「□」「複線」コマンドなどを利用して平面図を作図する

「中心線」コマンドを利用して、正面図の底辺の延長上に、側面図の底辺として95mmの水平線を作図する（▶p.61）

正面図の底辺として、平面図の下辺を「複線」コマンドで適当な位置に平行複写する（▶p.53）

作図演習

3 | 正面図と側面図の側板を作図する

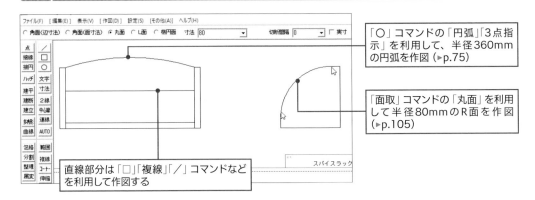

「○」コマンドの「円弧」「3点指示」を利用して、半径360mmの円弧を作図（▶p.75）

「面取」コマンドの「丸面」を利用して半径80mmのR面を作図（▶p.105）

直線部分は「□」「複線」「／」コマンドなどを利用して作図する

4 | 側面図の外形線を作図する

1 「複線」コマンドを選択し、側板の上辺をクリック

2 複写する位置として正面図の円弧から上方向に右ドラッグし、円周1/4点が表示されたらボタンをはなす

3 基準線の上側に複線が仮表示された状態で方向を決めるクリック

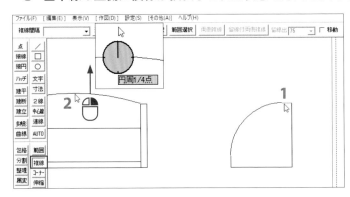

5 | 側面図の残りの外形線と隠れ線を作図する

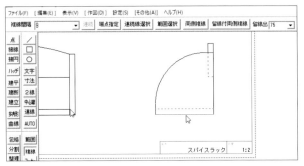

書込線を「線色6・点線2」、書込レイヤを「3：隠れ線」レイヤにし、「複線」、「／」コマンドなどを利用して隠れ線を作図

必要に応じて寸法線位置を揃えるための補助線を作図する

垂直方向の寸法（▶p.150）
外側矢印の寸法（▶p.153）

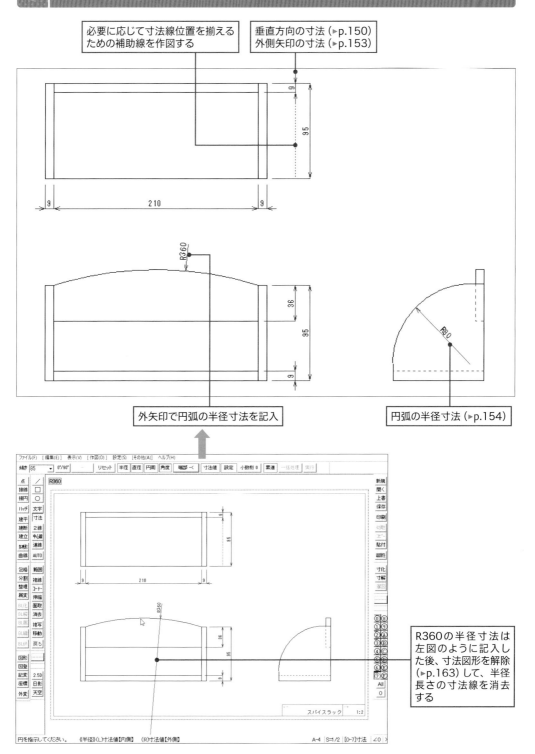

外矢印で円弧の半径寸法を記入

円弧の半径寸法（▶p.154）

R360の半径寸法は左図のように記入した後、寸法図形を解除（▶p.163）して、半径長さの寸法線を消去する

73 | 住宅平面図を作図

「A4図面枠.jww」を開き、「住宅平面図.jww」として保存したうえで、S=1:50で下図の平面図を作図しましょう。赤いグリッドは作図せずに目盛（▶p.130）を利用します。

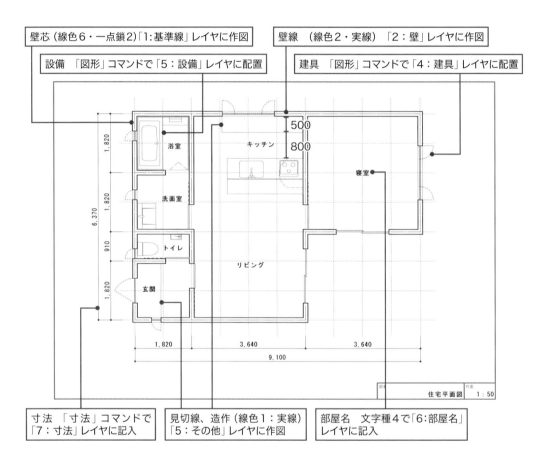

壁芯（線色6・一点鎖2）「1：基準線」レイヤに作図

壁線 （線色2・実線）「2：壁」レイヤに作図

設備 「図形」コマンドで「5：設備」レイヤに配置

建具 「図形」コマンドで「4：建具」レイヤに配置

寸法 「寸法」コマンドで「7：寸法」レイヤに記入

見切線、造作（線色1・実線）「5：その他」レイヤに作図

部屋名 文字種4で「6：部屋名」レイヤに記入

●レイヤの使い分け

1：基準線　線色6・一点鎖2

2：壁　線色2・実線

3：建具　図形を配置

4：設備　図形を配置

5：その他　線色1・実線

6：部屋名　文字種4

7：寸法

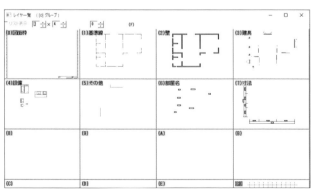

おおまかな作図手順例とヒント

1 「A4図面枠.jww」を開き、縮尺、レイヤ名などの変更を行い、「住宅平面図.jww」として保存する

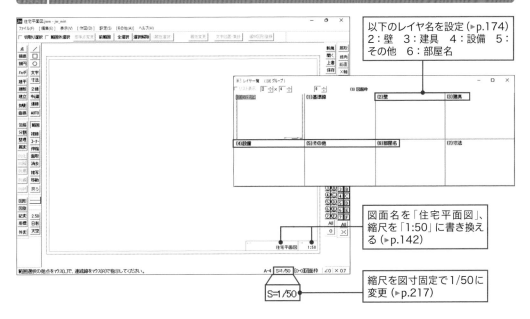

以下のレイヤ名を設定（▶p.174）
2：壁　3：建具　4：設備　5：その他　6：部屋名

図面名を「住宅平面図」、縮尺を「1:50」に書き換える（▶p.142）

縮尺を図寸固定で1/50に変更（▶p.217）

2 実寸910mm間隔の目盛を1/2で表示し、各部屋を示す長方形を作図する

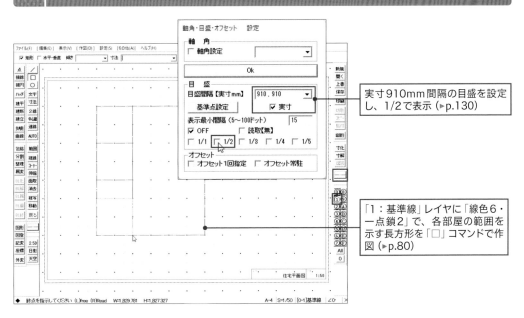

実寸910mm間隔の目盛を設定し、1/2で表示（▶p.130）

「1：基準線」レイヤに「線色6・一点鎖2」で、各部屋の範囲を示す長方形を「□」コマンドで作図（▶p.80）

作図演習

3　「連結整理」を行ったうえで開口部分の壁芯を部分消しする

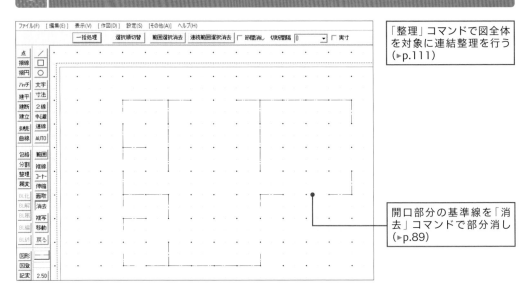

「整理」コマンドで図全体を対象に連結整理を行う（▶p.111）

開口部分の基準線を「消去」コマンドで部分消し（▶p.89）

4　壁芯から75mm振り分けの壁線を一括作図し、窓、ドアなどの建具図形を配置する

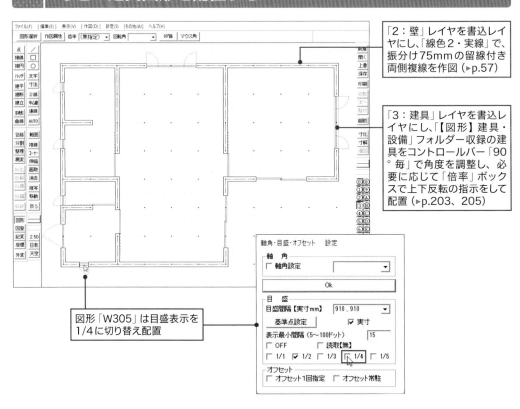

「2：壁」レイヤを書込レイヤにし、「線色2・実線」で、振分け75mmの留線付き両側複線を作図（▶p.57）

「3：建具」レイヤを書込レイヤにし、【図形】建具・設備」フォルダー収録の建具をコントロールバー「90°毎」で角度を調整し、必要に応じて「倍率」ボックスで上下反転の指示をして配置（▶p.203、205）

図形「W305」は目盛表示を1/4に切り替え配置

5 | 造作、見切線を作図し、ユニットバス、トイレなどの設備図形を配置する

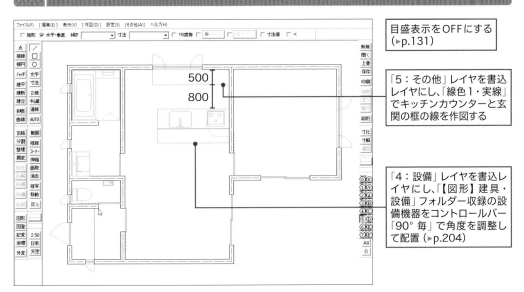

目盛表示をOFFにする（▶p.131）

「5：その他」レイヤを書込レイヤにし、「線色1・実線」でキッチンカウンターと玄関の框の線を作図する

「4：設備」レイヤを書込レイヤにし、「【図形】建具・設備」フォルダー収録の設備機器をコントロールバー「90°毎」で角度を調整して配置（▶p.204）

6 | 部屋名と寸法を記入し、レイアウトを整え、上書き保存する

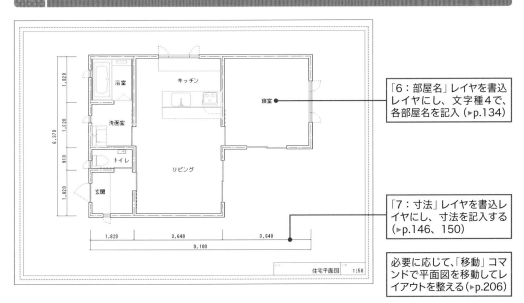

「6：部屋名」レイヤを書込レイヤにし、文字種4で、各部屋名を記入（▶p.134）

「7：寸法」レイヤを書込レイヤにし、寸法を記入する（▶p.146、150）

必要に応じて、「移動」コマンドで平面図を移動してレイアウトを整える（▶p.206）

作図演習

壁をグレーで塗りつぶす

Jw_cadでは塗りつぶした部分を「ソリッド」と呼びます。「多角形」コマンドのコントロールバー「ソリッド図形」にチェックを付けることで塗りつぶし機能(ソリッド)になり、「任意色」にチェックを付けると塗りつぶし色を任意に指定できます。チェックを付けない場合は、書込線色で塗りつぶします。任意色のソリッドは、モノクロ印刷(▶p.34)の際も塗りつぶした色で印刷されます。書込線色のソリッドはモノクロ印刷の際は黒で、カラー印刷時は、その線色で指定の印刷色で印刷されます。

1 「8」レイヤを右クリックし書込レイヤにする

2 塗りつぶし指示が行いやすいように、「レイヤ非表示化」(▶p.179) を利用して壁芯が作図されたレイヤを非表示にする

3 「多角形」コマンドを選択

4 コントロールバー「任意」ボタンをクリック

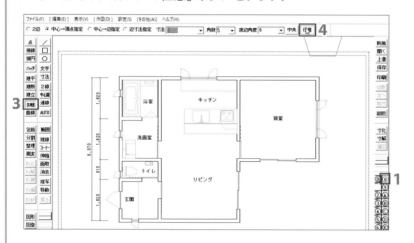

5 コントロールバー「ソリッド図形」にチェックを付ける。

6 コントロールバー「任意色」にチェックを付ける。

7 コントロールバー「任意」ボタンをクリック。

8 「色の設定」ダイアログで「ダークグレー」をクリック

9 「OK」ボタンをクリック

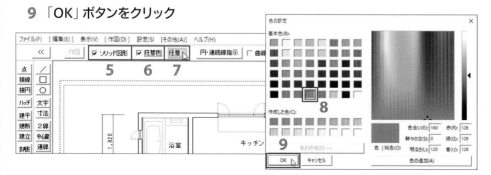

10 コントロールバー「円・連続線指示」ボタンをクリック

11 コントロールバー「曲線属性化」にチェックを付ける

12 壁線をクリック

✏️ **POINT**

点を指示して点に囲まれた範囲を塗りつぶす方法と閉じた連続線を指示してその内部を塗りつぶす方法があり、コントロールバー「円・連続線指示」ボタンで切り替えます。

✏️ **POINT**

指示した範囲は、三角形のソリッドに分割されて塗りつぶされます。**11**のチェックを付けることで、1回の操作で塗りつぶした範囲の分割されたソリッドに曲線属性（▶p.218）を付加して、ひとまとまりとして扱います。

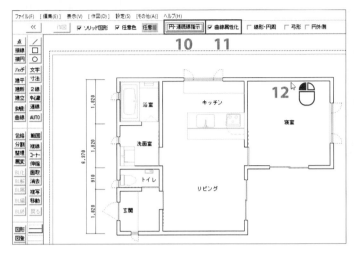

ソリッド図形にする円・連続線を指示してください。　元図形を残す(L)　消す(R)

13 他の壁線もクリックし、塗りつぶす。

✏️ **POINT**

壁線のクリックは、誤って他の線を読み取らないよう、確実に壁線を指示できる位置でクリックしてください。クリックして計算できませんと表示される場合は壁線とは違う線を読み取っています。また、塗りつぶし範囲を示す外形線に関係ない線が交差していたり、複雑な形状の場合、4線以上の場合、線が交差した図形は作図できませんと表示され、塗りつぶせないこともあります。

索引

ObraClub（オブラクラブ）

設計業務におけるパソコンの有効利用をテーマとして活動。Jw_cadや
SketchUpなどの解説書を執筆する傍ら、会員を対象にJw_cadに関す
るサポートや情報提供などを行っている。

http://www.obraclub.com/

Jw_cadワークブック

2022年11月28日　第1版第1刷発行

著　　　　者	ObraClub	
発　　行　　者	村上広樹	
編　　　　集	進藤 寛	
発　　　　行	株式会社日経BP	
発　　　　売	株式会社日経BPマーケティング	
	〒105-8308　東京都港区虎ノ門4-3-12	

装丁・本文デザイン	吉村朋子
本　文　制　作	クニメディア株式会社
イ　ラ　ス　ト	神林 美生
印　刷　・　製　本	図書印刷株式会社

ISBN978-4-296-07048-0